U0851397

"十四五"职业教育国家规划教材

智能微型运动装置（Micromouse）技术与应用系列丛书

智能鼠原理与制作 进阶篇

（第二版）

王 超 董 建 黄 瑞◎主 编
宋立红 师建军 高 艺◎副主编

中国铁道出版社有限公司
CHINA RAILWAY PUBLISHING HOUSE CO., LTD.

内 容 简 介

本书是“智能微型运动装置（Micromouse）技术与应用系列丛书”之分册，是“十四五”职业教育国家规划教材。

本书以天津启诚伟业科技有限公司提供的 TQD-Micromouse JS 智能鼠为载体，把工程实践创新项目（EPIP）教学模式巧妙嵌入实训课程体系，扎根真实工程场景，引领学生在攻克实际难题进程中，逐步培养勇于探索未知、敢于直面挑战的进取精神。通过“基础知识篇”、“综合实践篇”和“拓展竞技篇”三篇讲述了智能鼠的发展、硬件、开发环境、基本操作，智能鼠高级功能、智能鼠实战任务，智能鼠的路径规划和行为决策算法、智能鼠路径规划原理、智能鼠走迷宫程序设计、智能鼠数字孪生等。同时，本书附录提供了国际 Micromouse 走迷宫竞赛相关知识、智能鼠迷宫图库、国际实训课程标准等丰富资源。

本书在重要的知识点、能力点和素养点上，配有丰富的视频、图片、文本等资源，学习者可以通过扫描书中二维码获取相关信息。

本书适合作为高等职业院校电子信息类、自动化类等相关专业综合与创新实践教学的教材，还可作为相关工程技术人员培训用书及智能鼠爱好者参考书。

图书在版编目（CIP）数据

智能鼠原理与制作. 进阶篇 / 王超，董建，黄瑞主编. -- 2版. -- 北京 ：中国铁道出版社有限公司，2025. 7. --（“十四五”职业教育国家规划教材）（智能微型运动装置（Micromouse）技术与应用系列丛书）.
ISBN 978-7-113-32351-6

Ⅰ. TP242. 6

中国国家版本馆CIP数据核字第2025JK4326号

书　　名：**智能鼠原理与制作**（进阶篇）
作　　者：王　超　董　建　黄　瑞

策　　划：何红艳　　　　**编辑部电话：**（010）63560043
责任编辑：何红艳　绳　超
封面设计：刘　颖
责任校对：安海燕
责任印制：赵星辰

出版发行：中国铁道出版社有限公司（100054，北京市西城区右安门西街 8 号）
网　　址：https://www.tdpress.com/51eds
印　　刷：北京盛通印刷股份有限公司
版　　次：2021 年 3 月第 1 版　2025 年 7 月第 2 版　2025 年 7 月第 1 次印刷
开　　本：787 mm × 1 092 mm 1/16　**印张：**10.75　**字数：**235 千
书　　号：ISBN 978-7-113-32351-6
定　　价：48.00 元

作者简介

王 超

天津大学电气自动化与信息工程学院教授、博士生导师，长期从事检测技术与自动化装置领域研究。主持包括“国家自然科学基金重大仪器专项”在内的国家级、省部级科研项目共12项；研发成果荣获“天津市科技进步奖”等省部级奖励6项；个人先后入选“教育部新世纪优秀人才支持计划”，并荣获“天津市青年科技奖”。作为天津市高等学校教学名师，主编《现代检测技术》等国家级规划教材3部，主持国家一流本科课程1门。获天津市教学成果一等奖（第一完成人）、中国自动化学会高等教育教学成果二等奖（1项）。

董 建

天津职业技术师范大学自动化与电气工程学院副院长，副教授，硕士生导师。主持天津市自然科学基金项目等科研及教研项目8项，发表学术论文30余篇，其中20余篇被SCI/EI收录。长期致力于医疗器械开发、深度学习、超低辐射剂量CT影像重建算法开发等课题的研究工作。积极进行课程改革，课程“人工智能综合设计”被立项为天津职业技术师范大学人工智能类课程建设项目。荣获校级课程设计大赛二等奖、课程大纲设计大赛二等奖。2019年荣获天津市特聘教授青年学者称号；2023年荣获天津职业技术师范大学优秀班主任、校级优秀教师、校级优秀主讲教师等荣誉称号。

黄 瑞

工学博士、高级工程师，具有15年自动化及人工智能企业行业工作经验。现任天津城市建设管理职业技术学院信息化教研室主任、天津市人工智能学会职教专委会副秘书长、全国职业院校技能大赛物联网国赛裁判，主持完成“十四五”天津市职业教育创优赋能建设城市智能管理专业群建设项目。获2022—2024年度天津市职业院校技能大赛优秀指导教师。

宋立红

硕士研究生、高级工程师，现任天津启诚伟业科技有限公司董事长。深耕智能鼠（迷宫机器人）领域20余载，专注于机器人控制系统研发、嵌入式软件开发及智能硬件设计，构建了从核心算法开发到产业化应用的完整技术体系。带领团队近三年获实用新型专利29项、发明专利2项，其研发的智能鼠已形成系统化解决方案，服务国内外300余所院校。在教育领域主编出版中英双语系列教材《智能鼠原理与制作》（初级篇/进阶篇/高级篇），该套教材入选“十四五”职业教育国家规划教材，近三年发表SCI/EI论文3篇，主编出版教育教材8部。

师建军

天津城市职业学院智能科技与应用学院副教授，电工高级技师，专业带头人。主持国家实用新型专利4项，主编出版教材3部，副主编教材2部，主持省部级课题6项，在省一级核心刊物发表论文7篇。主持课程“传感器技术及应用”获得天津市劳动教育优秀课程、全国职业院校实训课程设计大赛一等奖。任首届世界职业院校技能大赛“迷宫机器人”赛项裁判、山东省职业院校技能大赛裁判。获天津市职业院校技能大赛优秀指导教师。

高　艺

南开大学电子信息工程学院硕士研究生导师，电子信息实验教学中心副主任，天津市单片机学会青年骨干工作委员会副主任，多项天津市大学生竞赛及职业技能裁判组成员。先后参与多项“国家高技术研究发展计划（863计划）项目”“天津市科技支撑计划重点项目”以及横向科研项目。多次作为指导教师带队参加全国大学生电子设计竞赛、天津市电子设计竞赛、天津市物联网竞赛、天津市大学生IEEE电脑鼠竞赛、APEC国际电脑鼠竞赛、全国机器人大赛等。

前言

在前沿科技蓬勃发展的当下，数智化手段为教育领域带来了前所未有的变革契机。为积极响应和全面贯彻党的教育方针，深入落实习近平总书记关于职业教育工作和教材工作的重要指示批示精神，切实履行立德树人的根本任务，充分发挥课程思政的价值引领作用，作为一线教师，我们积极行动、躬身实践，对《智能鼠原理与制作（进阶篇）》进行了全面且细致的修订。

第二版教材编写团队由长期从事信息、自动化、人工智能技术的教学一线教师和知识底蕴丰厚、技术经验丰富的企业技术工程师组成。本书所选案例均来自真实的工程项目。书中提供了二维码微课视频、PPT和实训课程标准等丰富的配套资源。第二版在保留第一版核心内容与特色的基础上，从三方面进行了修订：

1. 融入课程思政元素

借智能鼠发展历程的学习，贯穿立德树人理念，引导学生培养民族自信与家国情怀，强化科创精神与协作意识，实现知识结构与价值观的同步塑造。

2. 采用EPIP项目式教学

从模块化改为以国家级优秀教学成果EPIP为模式，设十个项目，各项目含2～4个工作任务，按“学习目标-实现任务-思考与总结”结构呈现内容，培养工程意识，提升实践创新能力。

3. 更新技术，对接产业

更换微处理器：第一版智能鼠核心微处理器为进口LM3S615 CPU。为积极推动国产信创微处理器的广泛应用，第二版选用国产ESP32 CPU。ESP32集成 Tensilica Xtensa LX6 32位双核处理器，时钟频率达240 MHz，内置Wi-Fi、蓝牙及多种网络协议栈，拓展应用场景，提升性能、安全性，降低功耗。

新增数字孪生技术：在拓展竞技篇中，新增智能鼠数字孪生技术部分。涵盖基础理论与应用，可在虚拟环境测试中优化智能鼠；数据采集与传输技术，依托场景需求选择Wi-Fi等技术采集运行数据；可视化交互设计，直观呈现数据，实现用户与模型交互，助力理解运行机制与决策机制。

本书由天津大学王超、天津职业技术师范大学董建、天津城市建设管理职业技术学院黄瑞任主编，天津启诚伟业科技有限公司宋立红、天津城市职业学院师建军、南开大学高艺任副主编。具体编写分工如下：宋立红编写第一篇中项目一项目二以及附录内容,黄瑞编写第一篇中项目三、项目四以及第三篇中项目一，董建编写第二篇中项目一、项目二以及第三篇中项目二，师建军编写第三篇中项目四以及全书PPT的制作，高艺负责编写第三篇中项目三以及全书中二维码微课视频制作，王超负责全书案例开发的组织以及全书的统稿工作。天津职业技术师范大学郝夏毅、天津启诚伟业科技有限公司宋姗参与了本书部分内容编写和软硬件测试工作。

本书在编写过程中得到了天津大学、天津职业技术师范大学、天津城市建设管理职业技术学院、天津城市职业学院的大力支持。衷心感谢中国铁道出版社有限公司、天津启诚伟业科技有限公司对本书出版提供的指导与帮助。限于编者的经验、水平以及时间，书中难免存在不妥之处，敬请专家、广大读者批评指正。

编　者

2025年3月

目录

第一篇　基础知识篇

智能鼠（Micromouse）又称迷宫机器人，是由嵌入式微控制器、光电传感器、运动单元与电力电子器件构成的一种微型智能运动装置，它可以在结构复杂的"迷宫"中自动搜索、记忆和选择最佳路径，并采用相应的智能控制算法，快速准确地到达目的地。

Micromouse走迷宫大赛遵循电气电子工程师学会（IEEE）的国际标准。这项竞赛以全方位培育学生的人工智能素养、计算思维、设计思维、创造思维，以及动手、实践、创新能力为目标，致力于打破路径依赖和学科壁垒，积极探索学科交叉融合与竞赛育人全新途径，为新质生产力人才培养的新模式注入动力与活力。

本篇将分别从国际IEEE标准迷宫场地、智能鼠的硬件系统和软件开发环境等方面系统介绍智能鼠技术，并对智能鼠的基本原理和实际操作方法进行具体说明。

TQD_MICROMOUSE_JQ/JD/JM

项目一 智能鼠的发展历程

学习目标

（1）了解智能鼠发展历程中的关键节点与技术演进。

（2）剖析智能鼠走迷宫竞赛平台，涵盖竞赛迷宫场地参数，以及全自动计分系统的原理与优势。

任务一　智能鼠的起源

一、智能鼠的起源

1938年，美国密歇根州的数学家克劳德·艾尔伍德·香农（Claude Elwood Shannon）完成了《继电器和开关电路的符号分析》的论文。由于布尔代数只有0和1，恰好与二进制对应，香农将它运用于以脉冲方式处理信息的继电器开关，从理论到技术彻底改变了数字电路的设计方向，因此，这篇论文在现代数字计算机史上具有划时代的意义。

1948年，香农又发表了一篇至今还在闪烁光芒的论文——《通信的数学理论》，从而给自己赢得了“信息论之父”的桂冠。

1956年，他参与发起了达特茅斯人工智能会议，成为这一新学科的开山鼻祖之一。他不仅率先把人工智能运用于计算机下棋方面，而且还发明了一个能自动穿越迷宫的“智能鼠”，以此证明计算机可以通过学习提高智能，如图1-1-1所示。

二、智能鼠的国际发展历程

1972年，美国《机械设计》杂志发起了一场机械智能鼠竞赛。在竞赛中，仅由捕鼠器弹簧驱动的机械鼠，不停地与其他参赛智能鼠竞赛，以判断究竟哪个机械鼠能够沿着跑道跑出最长的距离。

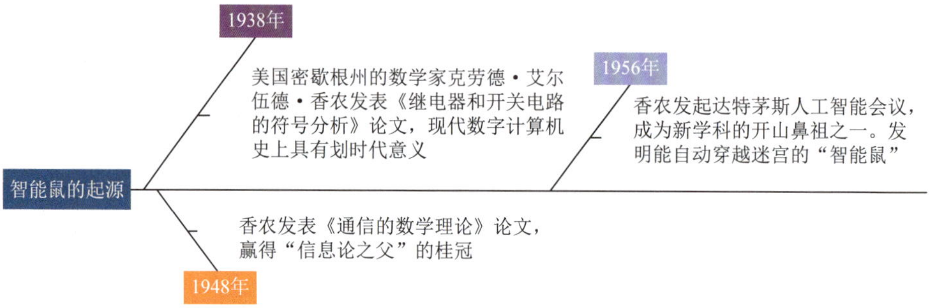

图1-1-1　智能鼠的起源

1977年，IEEE *Spectrum*杂志提出智能鼠的设想。认为智能鼠是一个小型的由微处理器控制的机器人车辆，在复杂迷宫中具有译码和导航的功能和能力。

1979年，电气电子工程师学会（IEEE）通过其*Spectrum*杂志发起了一场智能鼠走迷宫竞赛，奖励能够在最短时间内自主走出迷宫的智能鼠的设计者1 000美元。

1980年，东京举办了首场全日本Micromouse国际公开赛。之后，又有多个比赛被创办，如：1980年英国Micromouse大赛，1987年新加坡举办了第一届新加坡Micromouse竞赛和2007年中国计算机学会举办了首场IEEE国际标准Micromouse走迷宫竞赛等，如图1-1-2所示。

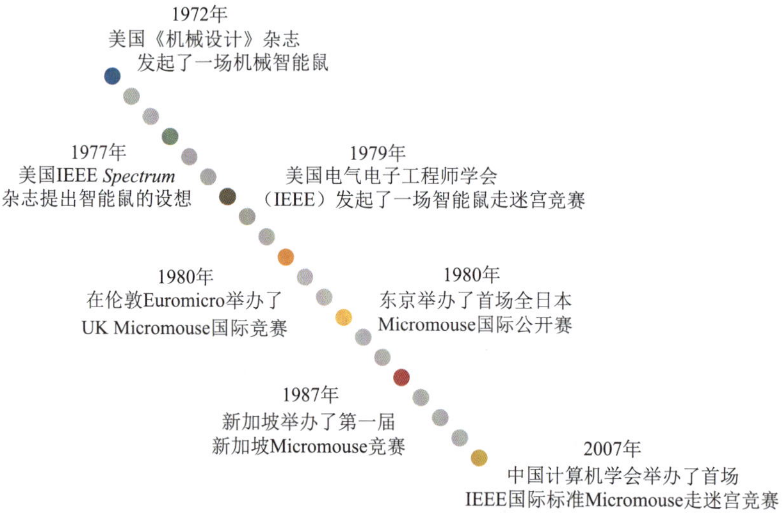

图1-1-2　智能鼠国际发展

自1972年最初的机械电子鼠诞生，历经五十余载岁月洗礼，机械电子鼠逐步蜕变，发展成为如今的智能鼠。这场跨越漫长时光的演变，见证了科技的飞速进步与突破。

起初，参与智能鼠走迷宫竞赛的选手，基本局限于哈佛大学、麻省理工学院等世界知名学府的研究生与博士生群体。他们凭借深厚的学术积累和前沿的科研视角，在竞赛中崭露头角。然而，随着时间的推移，智能鼠竞赛的影响力与日俱增，参与群体不断扩大。如今，参赛选手涵盖了从研究型大学、应用技术大学，到职业院校的各层次学生，甚至连充满好奇心与创造力的中小学生也积极投身其中。这一转变，充分体现了智能鼠竞赛的包容性与广泛的吸引力。

在教育领域，智能鼠作为一种极具价值的教学载体，正被多教育层面广泛采纳。通过参与智能鼠相关课程与实践活动，学生能够有效提升自身的工程素养，培养科技创新意识，锻炼动手设计能力。这种将理论知识与实践操作紧密结合的教学方式，为学生提供了宝贵的学习机会，有助于他们在未来的学术和职业道路上取得更好的发展。

与此同时，各类智能鼠竞赛如雨后春笋般蓬勃兴起。如今，智能鼠竞赛已成功蜕变成为一项覆盖不同教育阶段的国际创新型学生竞赛。它不仅为学生提供了一个展示自我、切磋技艺的舞台，也促进了全球范围内教育资源的交流与共享，为培养具有创新精神和实践能力的高素质人才发挥着重要作用。

三、智能鼠在中国发展历程

自2007年起，智能鼠在中国历经近二十载深耕发展。2007年，天津启诚伟业科技有限公司将这项国际赛事引入国内。自此，智能鼠竞赛在中国的教育领域掀起了创新发展的浪潮。

为全面贯彻党的教育方针，切实落实立德树人的根本任务，推动习近平新时代中国特色社会主义思想和党的二十大精神深度融入教育实践，在专家教授们的指导帮助下智能鼠原理与制作课程设置，以中国先进的教学模式——工程实践创新项目（EPIP）为核心理念，进行“教、学、做”一体化设计。学生的职业精神在潜移默化中培育，实践操作能力与理论知识学习紧密结合，为学生未来的职业发展奠定坚实基础。

同时，对智能鼠走迷宫竞赛开展本土化创新改革，这一举措成效显著。一方面，极大地提升了中国学生的民族自信，厚植了他们的家国情怀，让学生在参与竞赛的过程中，深刻感受到科技创新与国家发展的紧密联系，激发他们为国家科技进步而努力奋斗的决心；另一方面，也增强了国外学生对中国技术的认可，使得中国在智能鼠技术及相关教育领域逐渐崭露头角，在国际舞台上赢

视　频

中国智能鼠发展路径（本科）

视　频

中国智能鼠发展路径（高职）

得更多尊重与关注。

智能鼠的创新与改革对助力这项技术走进课堂、融入日常教学起到了关键性的引领作用。它让智能鼠不再仅仅是一项竞赛项目，而是成为一种教学载体，丰富了教学内容与形式，为培养具有创新精神和实践能力的新时代人才提供了有力支撑，助力中国教育在科技创新领域不断迈向新高度。

在产业发展进程中，研发设计与高端维护服务两类专业人才不可或缺。智能鼠是顺应产业生态、行业趋势、企业需求以及职业发展与专业建设要求，自主研发的数智化运动装置，既能满足信息技术“新工科”工程创新人才培养需要，也可用于培育研发设计领域的拔尖高端人才，为人才培养提供创新实践载体。

智能鼠融合了自适应运动控制算法、多传感器融合、智能图像识别、虚拟仿真、数字孪生等一系列先进技术，精准对标现代智能科技产业的人才培养需求。随着国家数智化转型发展的深入推进，3D虚拟仿真智能鼠教学系统适时诞生。虚拟仿真系统实现了智能鼠在虚拟与现实之间的互动，促使智能鼠技术从单纯的智能控制跨越到虚实结合的数字孪生技术阶段。在教学课程设置方面，不仅涵盖实体智能鼠所涉及的检测、驱动、控制和路径寻优等内容，还将数智化技术和平台，如Python、ROS2和虚拟仿真等技术，深度融入课程知识体系之中，极大地丰富了教学内容，提升了教学的科学性与前沿性。

竞赛对于满足产业优化升级，开阔国际视野，掌握实践与创新经验，培养高技术、高技能人才，起到了引领推动作用，如图1-1-3所示。智能鼠自引入中国后，凭借创新性和实用性，迅速融入大学生学科竞赛、职业院校技能竞赛体系，并拓展至普职融通青少年国际挑战赛领域。经过长期实践探索，智能鼠不仅积累了丰富的竞赛组织与技术应用经验，更沉淀出一系列领先技术成果，为构建产学研深度融合的人才培养体系、推动产业技术革新提供了坚实支撑。

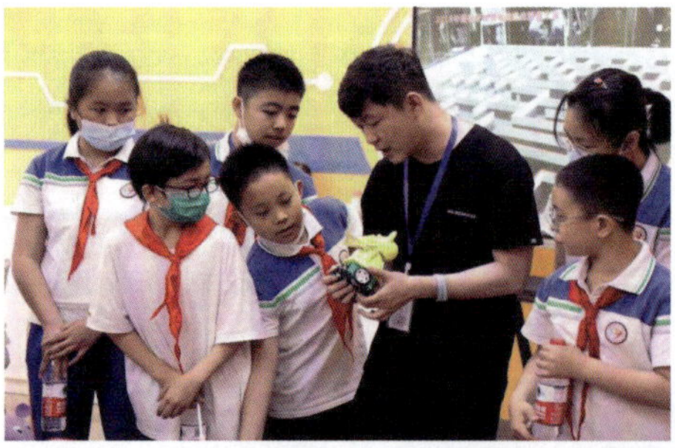

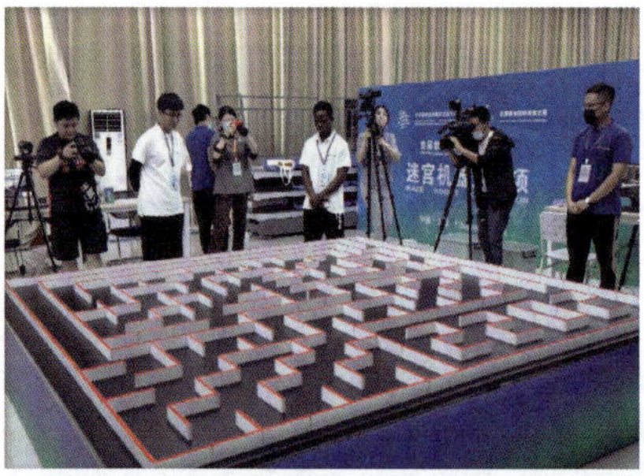

图1-1-3 竞赛纪实照片

四、智能鼠竞赛新思路

十余年来，中国的智能鼠竞赛不断创新国际发展新思路，从最初的“简单模仿”学习，发展到现在的“互学互鉴”，逐步搭建起国际交流合作的新平台，先后经历了学习借鉴、蜕变升华和引领辐射三个阶段。

首先是学习借鉴：2015年天津大学生代表队征战美国第30届APEC世界Micromouse竞赛，如图1-1-4所示，取得了世界第六的好成绩。2017年至2018年，天津启诚伟业科技有限公司全额资助了在天津大学生智能鼠竞赛上获得企业命题赛冠军选手，到日本东京参加第38届和第39届全日本Micromouse国际公开赛，如图1-1-5所示，学习借鉴国际智能鼠先进技术，结识众多智能鼠业界专家教授，对中国智能鼠技术的发展与提升起到推动的作用。

图1-1-4　中国天津代表队远征美国参加国际大赛

图1-1-5　中国天津代表队远赴日本参加国际大赛

接着是蜕变升华：智能鼠走迷宫大赛在中国进行本土化创新改革，设计了一系列从易到难的智能鼠教学平台，满足“中、高、本、硕”不同学习阶段学生学习应用。从2016年开始，邀请我国龙华科技大学苏景晖教授、美国麻省理工学院的David Otten教授、新加坡义安理工学院黄明吉教授、英国伯明翰城市大学Peter Harrison教授、日本智能鼠国际公开赛组委会秘书长中川友纪子先生等智能鼠专家和来自泰国、印度、巴基斯坦、柬埔寨等国际“鲁班工坊”师生，以及来自天津、北京、河南、河北等省市精英级代表队，加盟中国IEEE智能鼠走迷宫国际邀请赛，如图1-1-6、图1-1-7所示。

图1-1-6　第三届IEEE智能鼠走迷宫国际邀请赛

图1-1-7　“启诚杯”第四届IEEE智能鼠走迷宫国际邀请赛

国际选手通过参加中国比赛，对中国竞赛标准、竞赛规则、竞赛模式和竞赛理念有了更深层次的了解和认同，从而切实推动了国际化的交流与合作，达到“互学互鉴”的目的。

最后是引领辐射：教育对外开放是我国改革开放事业中不可或缺的重要组成部分。当下，“职教出海”已成为提升我国教育国际影响力、推进教育强国建设的关键举措。

自2013年“一带一路”倡议提出并稳步推进以来，在教育部的指导下，中国职业教育新名片——鲁班工坊国际项目，于2016年正式启动。启诚智能鼠作为中国优质教育装备的代表，伴随鲁班工坊走出国门，与世界共享教育成果。

从2016年到2024年，启诚智能鼠的足迹遍布泰国、印度、巴基斯坦、柬埔寨、尼日利亚、埃及等14个国家。在这些国家鲁班工坊，智能鼠积极开展竞赛推广和课程培训活动，凭借其独特的教育理念与实用价值，赢得了沿线国家师生的广泛赞誉与一致青睐，如图1-1-8至图1-1-13所示。

图1-1-8　印度鲁班工坊开展智能鼠培训课程

图1-1-9　2016年泰国鲁班工坊开展智能鼠培训课程

图1-1-10　2017年印尼鲁班工坊开展智能鼠培训课程

图1-1-11　2018年巴基斯坦鲁班工坊开展智能鼠培训课程

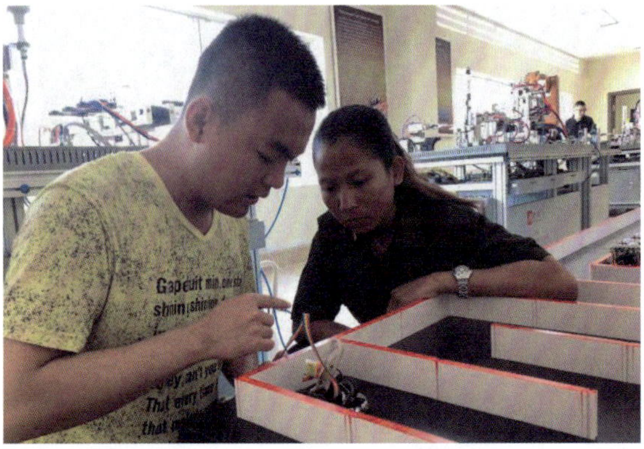

图1-1-12　2018年柬埔寨鲁班工坊开展智能鼠培训课程

图1-1-13　2020年埃及鲁班工坊开展智能鼠培训课程

在“校企同行”的合作模式下，各方携手，扬帆出海。一方面，为当地企业源源不断地输送了大批高技能人才，有力推动了当地产业的发展；另一方面，也为中国企业“走出去”提供了有力的人才支持与技术服务。如今，智能鼠已然成为连接中国与世界的纽带，在国际教育交流与合作中发挥着愈发重要的作用，持续书写着中国职业教育国际化发展的精彩篇章。

任务二　智能鼠的竞赛与调试环境

一、竞赛迷宫场地

当前，无论是国际赛事还是国内赛事，均采用统一国际IEEE规格的比赛场地；根据难度不同，可以选择16×16或8×8大小的迷宫，如图1-1-14、图1-1-15所示。本书所涉及的是16×16规格的迷宫，由16×16个格子有序排列组成。尤为值得关注的是，迷宫的“墙壁”设计独具匠心，采用可插拔式结构。基于这一特性，通过灵活调整“墙壁”位置，能够衍生出丰富多样、错综复杂的迷宫布局，为比赛增添了极大的趣味性与挑战性。

图1-1-14所示为TQD-Micromouse Maze 16×16比赛场地。迷宫底板的尺寸为2.96 m×2.96 m，上面共有16×16个标准迷宫单元格。图1-1-16所示为古典智能鼠迷宫墙壁和立柱。

图1-1-14　16×16迷宫示意图

图1-1-15　8×8迷宫示意图

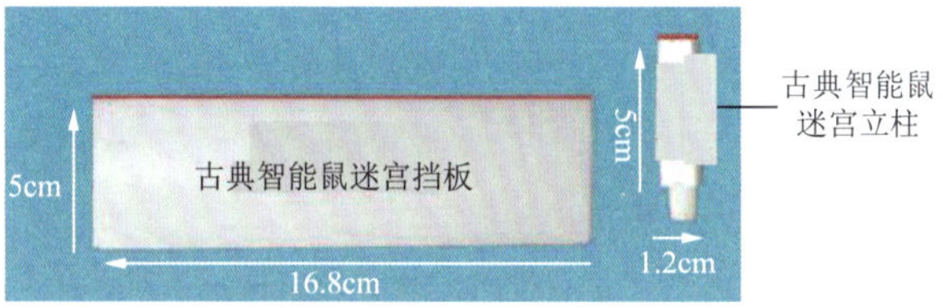

图1-1-16　迷宫墙壁和立柱

TQD-Micromouse Maze 16×16迷宫场地规范如下：

（1）迷宫由16×16个、9 cm×9 cm大小的正方形单元所组成。

（2）迷宫的隔墙高5cm，厚1.2cm，隔墙将整个迷宫封闭。

（3）迷宫隔墙的侧面为白色，顶部为红色。迷宫的地板为黑色能够吸收红外线，隔墙侧面和顶部的涂料能够反射红外线。

（4）迷宫的起始单元可设在迷宫四个角之中的任何一个。起始单元必须三面有隔墙，只留一个出口。迷宫的终点设在迷宫中央，由四个正方形单元构成。

（5）在每个单元的四角可以插上一个小立柱，其截面为正方形，如图1-1-14所示。立柱长1.2 cm、宽1.2 cm、高5 cm。小立柱所处的位置称为“格点”。除了终点区域的格点外，每个格点至少要与一面隔墙相接触。

（6）迷宫制作的尺寸精度误差应≤5%，或小于2 cm。迷宫地板的接缝不能大于0.5 mm，接合点的坡度变化不超过4°。隔墙和立柱之间的空隙≤1 mm。

（7）起点和终点设计遵照IEEE智能鼠竞赛标准，即智能鼠按照顺时针方向开始运行。

二、专用测试场地

专用测试场地上绘有13个标记位置，并且使用不同的颜色进行区分，如图1-1-17所示，用于调试红外传感器和优化转弯控制参数。

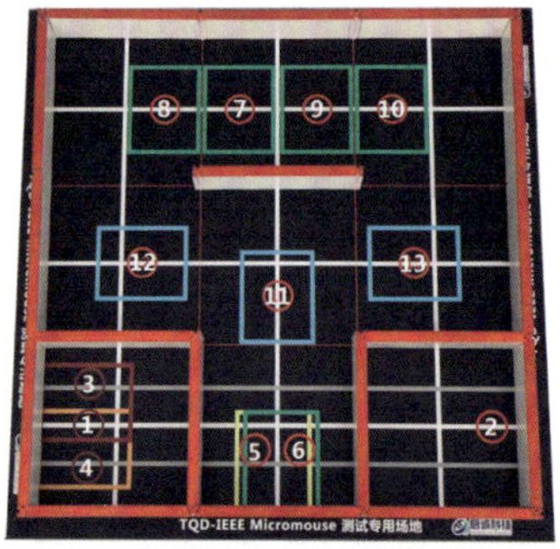

图1-1-17　TQD-IEEE Micromouse 专用测试场地

（1）①至②，灰色通道，用来检测智能鼠在无红外校准的情况下直行的偏移量。

（2）③深红色矩形，④橙色矩形；③至②、④至②均是用来检验有红外校准时的智能鼠直行情况。

（3）⑤黄色矩形用来调节智能鼠左前红外强度，⑥绿色矩形用来调节智能鼠右前红外强度；校正车姿。

（4）⑦、⑧绿色矩形用来调节智能鼠右后红外强度，⑨、⑩绿色矩形用来调节智能鼠左后红外强度；检测路口。

（5）⑪、⑫、⑬三个蓝色矩形用来调试智能鼠转弯90°。

三、全自动计分系统

为精准计量智能鼠完成迷宫的时间，实现智能鼠通过起点和终点时间的全自动计算至关重要。如图1-1-18所示，天津启诚伟业科技有限公司研发设计并生产的电子自动计分系统专门应用于智能鼠竞赛场景，能够精准、高效地完成计时工作，保障比赛成绩的准确性。TQD-Micromouse Timer V3.0系统包含起点模块、终点模块、接收器和计分软件四部分。

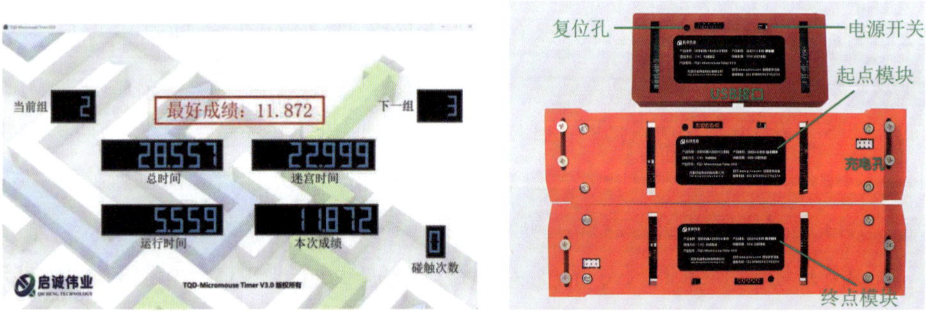

图1-1-18　TQD-Micromouse Timer V3.0展示图

视 频

计分系统工作原理

起点模块与终点模块均内置高速超声波传感器，分别安装于起点迷宫格和终点迷宫格，用于检测智能鼠，如图1-1-19所示。起点模块和终点模块将检测数据通过无线方式发送，接收器负责接收这些数据，并对其进行预处理，随后传输至计算机。计算机中安装的计分软件会对这些经过初步处理的数据进行二次处理，并以直观形式展示智能鼠在迷宫中的运行状况。

（1）超声波传感器高速检测，频率可达200 Hz。

（2）2.4 GHz无线透传，数据传输速度快、距离远、稳定可靠。

（3）竞赛成绩高速动态刷新，精度可达0.001 s。

（4）支持报名表导入。

（5）支持分屏投屏显示。

（6）支持自定义竞赛规则。

接收起点模块　　自动计分迷宫场地　　接收终点模块

图1-1-19　迷宫起点与终点标识图

思考与总结

（1）IEEE国际标准的智能鼠场地由哪些部分构成？

（2）智能鼠竞赛具有哪些特点？请予以归纳。

（3）全自动计分系统显著提升了竞赛成绩计算的准确性，简要阐述其工作原理。

项目二 智能鼠的硬件结构

学习目标

（1）认知智能鼠的基本硬件结构。

（2）掌握智能鼠主要结构所发挥的作用。

TQD-Micromouse JS智能鼠，如图1-2-1所示，是天津启诚伟业科技有限公司基于高等教育与职业教育在教学及竞赛方面的需求，开发设计的一款拥有自主知识产权的智能鼠。智能鼠相关课程体系极为丰富，广泛涵盖电子学、工程学、机械学、自动控制以及人工智能等多领域的综合性专业知识，为培养学生跨学科素养与实践能力提供了优质载体。

图1-2-1 TQD-Micromouse JS智能鼠

任务一 智能鼠的组成

TQD-Micromouse JS智能鼠硬件组成及其优点：

（1）智能鼠外形尺寸约95 mm×90 mm×30 mm，适用于智能鼠入门级学生实训学习，是培养学生工程素养，科技创新能力的首选平台。

（2）处理器采用国产32位双核SoC ESP32，时钟频率240 MHz，ROM为448 KB，SRAM为520 KB，SPI Flash为4 MB，提供高性能支持的同时，简化项目搭建过程。

（3）支持MicroPython和Arduino两种编程方式，易学、易懂、易练，满足不同学习需求。

（4）集成Wi-Fi、Bluetooth和2.4 GHz无线透传技术，无线交互更方便。

（5）线性红外检测，自动校准，减少操作步骤。

（6）集成高性能三维运动姿态测量系统，提供高精度、高动态、实时补偿的三轴姿态角度检测。

（7）4096线磁编码器减速电动机，有效提高电动机转动检测精度。

（8）电动机驱动采用L9110S，工作电压为2.5～12 V，最大工作电流0.8 A，响应迅速，提供高效的驱动支持。

TQD-Micromouse JS智能鼠硬件结构，如图1-2-2所示。

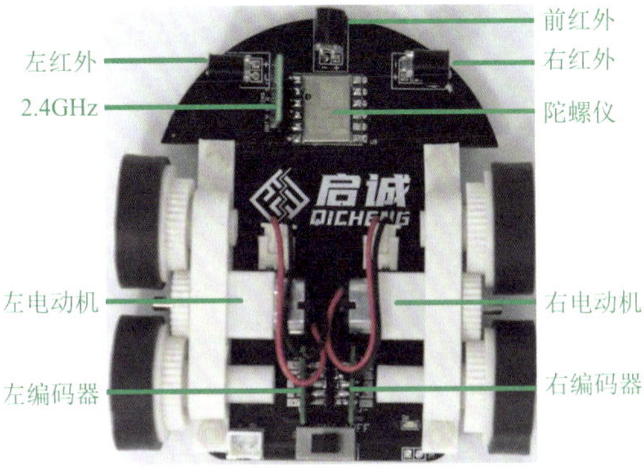

图1-2-2　TQD-Micromouse JS智能鼠硬件结构

TQD-Micromouse JS智能鼠电路组成架构清晰直观，其组成框图如图1-2-3所示。该智能鼠的电路主要由核心主控模块、传感检测模块（姿态检测电路、红外线检测电路）、运动控制模块（电动机驱动电路、磁编码器电路）以及无线通信模块协同构成。

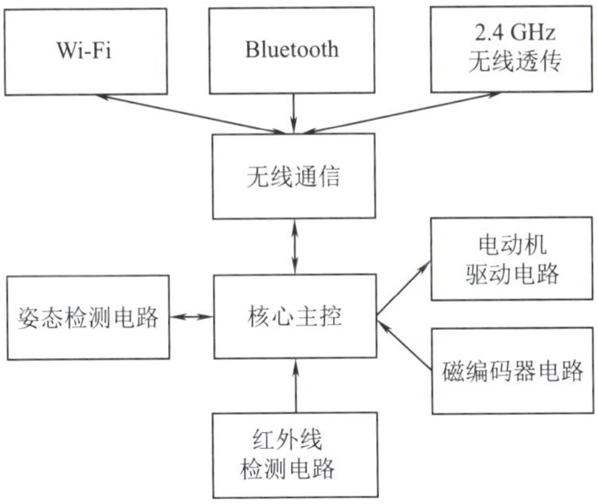

图1-2-3　TQD-Micromouse JS智能鼠电路组成框图

传感检测模块中包含红外检测电路与姿态检测电路。红外检测电路能够敏锐感知周围环境中的红外信号，为智能鼠的环境探测提供关键数据；姿态检测电路则精准监测智能鼠的姿态变化，保障其在运动过程中的平衡与方向把控。

运动控制模块涵盖电动机驱动电路和磁编码器电路。电动机驱动电路负责为智能鼠的运动提供动力支持，高效驱动电动机运转；磁编码器电路精确测量电动机的转动角度和速度，实现对智能鼠运动状态的精确控制。

无线通信模块集成了Wi-Fi、Bluetooth和2.4 GHz无线透传技术。Wi-Fi技术适用于大数据量传输场景，可满足智能鼠与上位机之间高速率的数据交互需求；Bluetooth技术则以其低功耗、便捷连接的特性，方便智能鼠与周边蓝牙设备进行短距离通信；2.4 GHz无线透传技术凭借其较强的抗干扰能力和稳定的传输性能，保障智能鼠在复杂环境下的数据可靠传输。

任务二　智能鼠的核心控制板

一、核心处理器

TQD-Micromouse JS采用国产双核32位SoC ESP32作为主控芯片（见图1-2-4），其硬件结构融合了多种关键组件。各个组件彼此协同、紧密配合，为芯片赋予了强大的运算及数据处理能力，从而能够从容应对不同应用场景的多样化需求。

图1-2-4　主控芯片实物图

1. 核心处理器

（1）主处理器：采用Xtensa 32 bit LX6微处理器，具备32位双核架构，时钟频率最高可达240 MHz，计算性能达600 DMIPS。

（2）超低功耗协处理器：支持深度睡眠模式下对外围设备、内部传感器及RTC（实时时钟）寄存器的访问，有效降低功耗。

2. 无线连接

（1）Wi-Fi：支持802.11b/g/n/e/i标准，在2.4 GHz频段下，802.11n模式最高速率为150 Mbit/s。

（2）蓝牙：集成v4.2 BR/EDR及蓝牙低功耗（BLE）技术，满足不同场景连接需求。

3. 存储配置

（1）内部存储：

① ROM：448 KB，用于设备启动及核心功能运行。

② SRAM：520 KB，存储运行数据与指令。

③ RTC 快速 SRAM：8 KB，用于RTC运行期间数据存储及主CPU从深度

视 频

智能鼠核心控制板

睡眠模式启动。

④ RTC 慢速 SRAM：8 KB，专供深度睡眠模式下协处理器访问。

⑤ eFuse：1 Kbit，其中256位用于系统（MAC地址与芯片配置），剩余768位供用户应用，如Flash加密及Chip-ID设定。

⑥ 嵌入式闪存：在ESP32-D2WD和ESP32-PICO-D4型号中，通过IO16、IO17、SDCMD、SDCLK、SDDATA0和SDDATA1实现内部连接。

（2）外部存储。ESP32可外接多达四个16 MB的QSPI（四路串行外设接口）闪存及SRAM，并具备基于AES（高级加密标准）的硬件加密功能，保障程序与数据安全。

① 代码空间：最高16 MB外部闪存可映射至CPU代码空间，支持8位、16位及32位访问，且支持代码执行。

② 数据空间：最高8 MB外部闪存/SRAM可映射至CPU数据空间，支持8位、16位及32位数据读取，SRAM还支持数据写入。需注意：含嵌入式闪存的ESP32芯片不支持外部闪存与外设间的地址映射。

4. 丰富外设接口

配备带DMA（direct memory access，直接内存访问）的丰富外设接口，涵盖电容式触摸、ADC（模/数转换器）、DAC（数/模转换器）、I2C（集成电路总线）、UART（通用异步接收发送设备）、CAN 2.0（控制器局域网）、SPI（串行外设接口）、I2S（集成电路内置音频总线）、RMII（简化媒体独立接口）、PWM（脉冲宽度调制）等，满足多样化应用需求。

5. 多重安全保障

（1）网络安全：支持IEEE 802.11标准安全特性，包含WFA（Wi-Fi联盟认证）、WPA/WPA2（Wi-Fi网络安全的协议）及WAPI（无线局域网鉴别和保密基础结构，是中国自主研发的无线局域网安全标准）。

（2）启动与存储安全：具备安全启动及Flash加密功能。

（3）硬件加密：集成1 024位OTP（一次性可编程存储器），用户可用768位，同时支持AES、SHA-2（安全散列算法2）、RSA（非对称加密算法）、ECC（椭圆曲线加密算法）等算法。

二、姿态传感器

姿态传感器选用JY901S型号，内部集成了三轴陀螺仪、三轴加速度计以及三轴电子罗盘等运动传感器。在实际使用场景中，常将其简称为陀螺仪，如图1-2-5所示。

图1-2-5　陀螺仪实物图

JY901S凭借先进的卡尔曼滤波与传感器融合算法，能实时输出更新率高达200 Hz的数据，为各类高精度应用需求提供有力支撑，可实现精准的动作捕捉与姿态估计。

该传感器通过集成一系列高性能传感器，并搭载姿态动力学核心算法引擎，结合高动态卡尔曼滤波融合算法，能够为用户输出高精度、高动态且实时补偿的三轴姿态角度数据。同时，用户可依据不同应用场景，对各类数据进行灵活配置与选择，从而使该传感器在复杂多样的使用环境中，均能充分满足实际需求。

三、磁编码器

磁编码器采用AS5600型号，是一款设计精巧、易于使用的非接触式磁感应角度测量模块，其实物图如图1-2-6所示。该磁编码器具备12位的高精度，在与径向磁钢协同工作时，能够输出4 096线信号。凭借这一特性，它可有效提升电动机转动检测的精度，为精确监测电动机运行状态提供可靠保障，助力实现更精准的运动控制。

具体特性如下：

（1）非接触式角度测量：采用先进的磁感应技术，无须物理接触即可精准测量角度，有效避免因机械摩擦造成的磨损，显著提升测量模块的耐用性与可靠性，确保在各种复杂环境下都能稳定运行。

（2）正向磁场自动检测：具备智能检测机制，能够自动识别正向磁场，无须人工干预，极大简化了安装与调试流程，提高了设备的使用便利性，适用于不同磁场环境下的快速部署。

（3）12位DAC输出分辨率：拥有高达12位的DAC输出分辨率，可实现极为精细的模拟信号输出，能够精准地将测量的角度信息转换为高精度的模拟量，满足对测量精度要求严苛的应用场景。

（4）自动进入低功耗模式：当设备处于空闲或待机状态时，会自动切换至低功耗模式，在保证测量功能随时可用的同时，最大限度降低能源消耗，有助于延长电池供电设备的续航时间，提升整体能效。

（5）最大角度可编程：最大角度可在18°至360°范围内灵活编程设置，用户可根据实际应用需求，对测量角度范围进行定制化调整，使测量模块能够适配不同的工作场景，增强其通用性与灵活性。

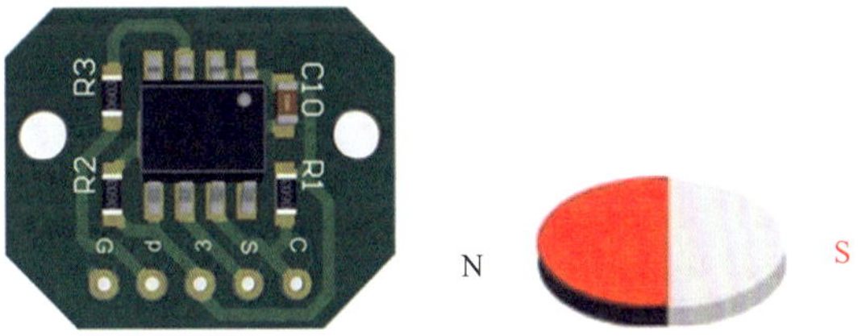

图1-2-6　磁编码器实物图

思考与总结

（1）智能鼠各模块间数据传输机制如何？不同模块在数据传递时，采用何种通信协议、接口形式，以实现数据的准确、高效交互？

（2）智能鼠各组成部分中，是否存在功能相近、特性相似的电子元器件，可在不影响整体性能的前提下相互替换。

（3）TQD-Micromouse JS智能鼠包含三大核心部件：处理器，掌控整体运行逻辑，协调各模块有序工作；陀螺仪，精确检测车体姿态，为智能鼠的平稳行进提供关键数据；磁编码器，实时记录运行状态，助力智能鼠准确把控自身位置与运动轨迹。

项目三 智能鼠的开发环境

学习目标

（1）了解Thonny软件的安装，熟悉其安装流程与相关注意事项。

（2）了解智能鼠程序下载，掌握程序下载至智能鼠设备的具体操作方法。

任务一　开发环境搭建

TQD-Micromouse JS同时支持MicroPython和Arduino作为编程语言，本书采用MicroPython作为首选开发语言，因此这里仅进行MicroPython相关环境的搭建。在进行 MicroPython编程时，推荐使用Thonny软件。

一、Thonny软件安装

Thonny安装包可自行通过搜索引擎查找获取。

Thonny的安装步骤和普通软件并无太大差异，只需选定合适的安装目录，便可按常规流程直接进行安装，如图1-3-1所示。

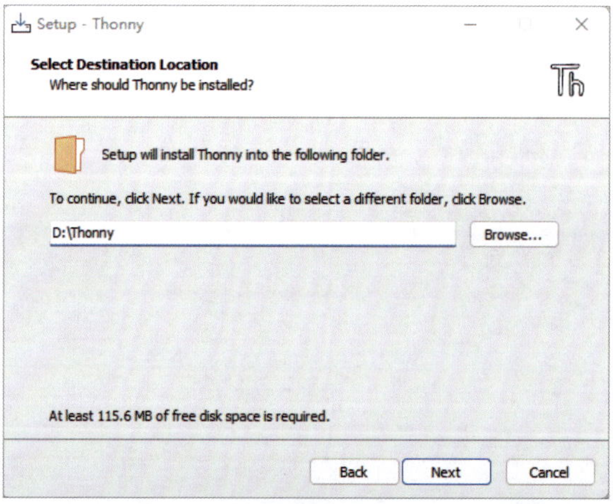

图1-3-1　Thonny安装目录

二、Thonny使用

Thonny安装完成后，通过“开始”菜单启动Thonny。Thonny主界面如图1-3-2所示。

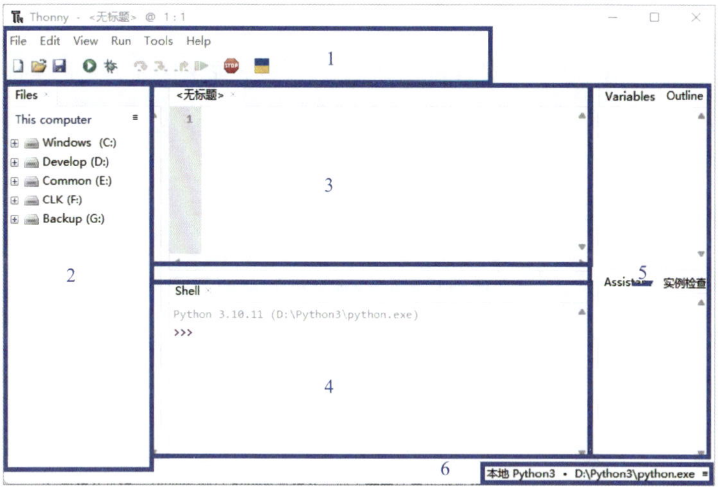

图1-3-2　Thonny主界面

图1-3-2中数字的含义如下：

标号1：菜单栏和工具栏，集成了各类操作指令与快捷工具，方便用户对软件进行各项功能操作。

标号2：文件显示区，展示当前工作目录下的所有内容，便于用户快速定位与管理相关文件。

标号3：代码编辑区，所有程序编写工作均在此区域完成，是用户进行代码创作与修改的核心区域。

标号4：软件Shell，实时呈现调试信息、程序运行的输出信息以及出现的错误信息，帮助用户及时了解程序执行状态。

标号5：右侧边栏，支持自定义显示内容，用户可根据自身需求设置显示变量、绘图等相关信息，增强软件使用的灵活性。

标号6：解释器选择，如图1-3-3所示，Thonny内置Python解释器。若用户有使用本地解释器的需求，或者要连接ESP32设备，都可在此处进行相应的解释器选择操作。

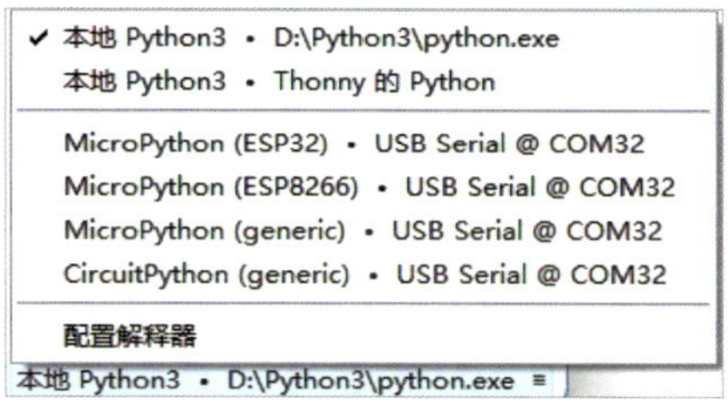

图1-3-3　解释器选择界面

任务二　智能鼠的程序下载

视频

智能鼠程序下载

一、程序编写

完成Thonny安装后，即可开启MicroPython编程。启动Thonny软件，在解释器选项中选择ESP32对应的MicroPython解释器，如图1-3-4所示。此时，Shell窗口内将随即显示系统响应信息，具体情况如图1-3-5所示。

图1-3-4　MicroPython解释器选择操作

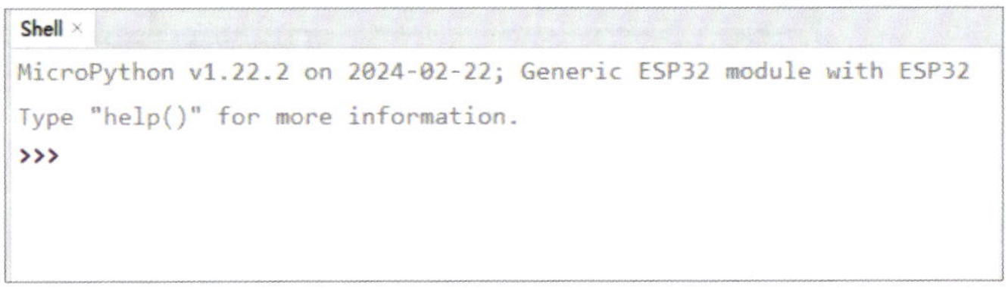

图1-3-5　Shell信息反馈

注意：若计算机未能成功识别智能鼠电路板，需安装CH340驱动程序。可通过搜索引擎自行查找该驱动文件并进行安装。

1. Shell编程

当在配置解释器中选择ESP32中的MicroPython解释器时，Shell窗口会自动弹出显示。倘若Shell窗口未自动出现，也可以选择菜单栏中的“视图”→Shell命令将其调出，具体情况如图1-3-6所示。

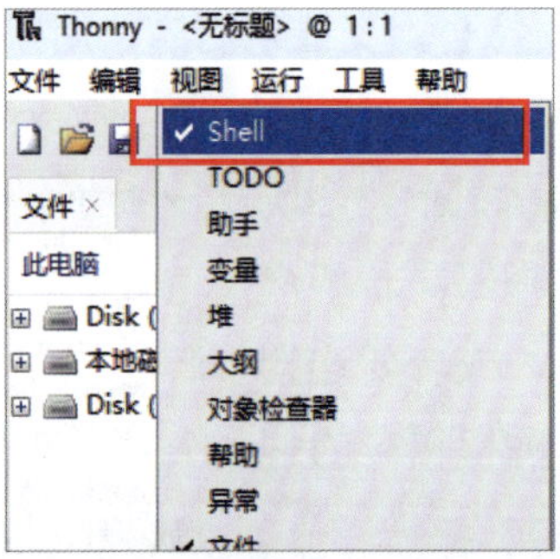

图1-3-6　Shell按钮标识与功能说明

在Thonny的Shell中编写代码，与在计算机上的Python Shell中编写代码操作方式完全相同，输入代码后，按【Enter】键，便能即时获取运行结果，如图1-3-7所示。

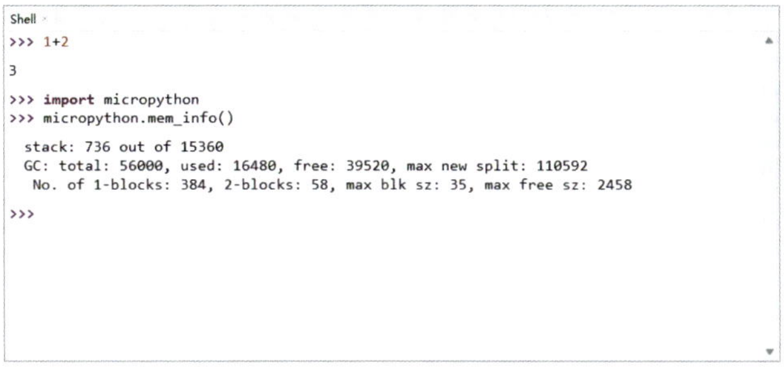

图1-3-7　Shell编程实操

2. 文件编程

MicroPython同样支持文件编程。只需单击“新建文件”按钮，如图1-3-8所示，即可在新打开的文件中编写代码。

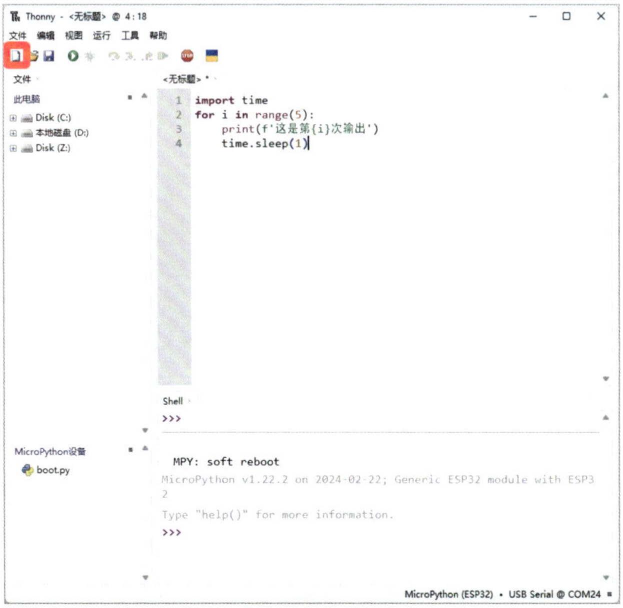

图1-3-8　文件编程示例与界面展示

相较于在Shell中编程，使用文件编程能充分发挥Thonny的强大功能。Thonny具备代码高亮显示功能，可清晰区分不同类型的代码元素；自动缩进特性则让代码结构更加规整。此外，文件编程模式为代码的修改和调试提供了极大便利，使开发者能够更高效地处理代码。

二、程序下载

1. 保存程序

在文件中完成代码编写后，为便于后续维护与调试工作，建议单击“保存”按钮。此时，系统会弹出“保存”对话框，要求选择文件保存位置，具体操作界面如图1-3-9所示。当进行MicroPython开发时，建议将代码文件直接保存至“MicroPython设备”，也就是智能鼠中，保存路径示例如图1-3-10所示。

图1-3-9　位置选择操作

图1-3-10　保存路径示例

单击“运行”按钮启动程序，程序运行结果将显示在Shell窗口中，具体显示内容如图1-3-11所示。

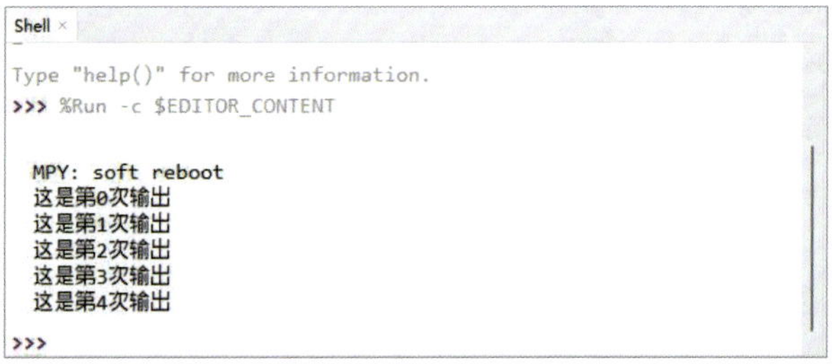

图1-3-11　程序运行操作与反馈

2. 传输文件

Thonny软件支持计算机与设备间实现高效的文件传输，既能够将计算机中的文件或文件夹上传至设备，也能从设备中将文件或文件夹下载到计算机。在Thonny中，选择“视图”→“文件”命令，文件显示区会呈现上下分区的布局，上方展示的是计算机中的文件，下方则展示MicroPython设备中的文件，如图1-3-12所示。

无论是在“此电脑”，还是“MicroPython设备”的文件展示区域，都能够轻松进行目录导航。若需上传文件或文件夹，操作极为简便，只需在目标文件或文件夹上右击，即可找到上传选项完成操作，具体操作界面如图1-3-13所示。

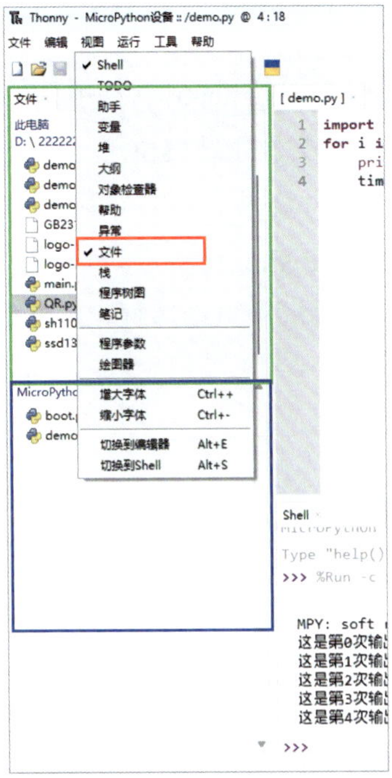

图1-3-12　文件显示区功能与布局

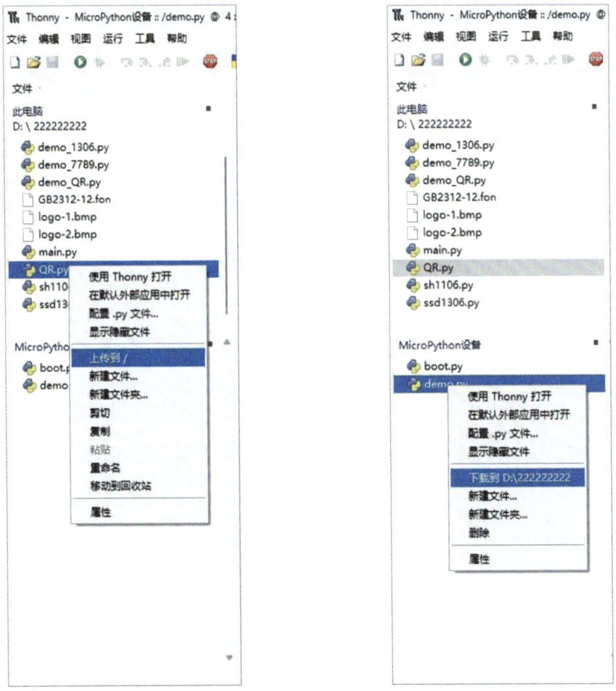

（a）计算机→设备　　　　（b）设备→计算机

图1-3-13　计算机与设备文件交互传输

三、文件系统

每次运行程序时，都需要通过Thonny软件手动单击“运行”按钮，操作颇为不便。不过，MicroPython的文件系统提供了一种更为便捷的程序运行方式。

完成 MicroPython系统固件烧录后，文件系统中默认仅存有一个boot.py文件，如图1-3-14所示。当MicroPython设备启动时，会依序扫描文件系统中的文件和目录，并按图1-3-15所示的顺序自动运行相应文件。

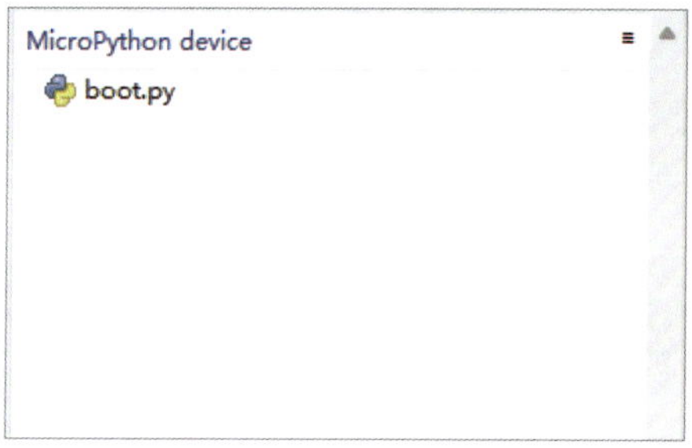

图1-3-14　MicroPython文件系统

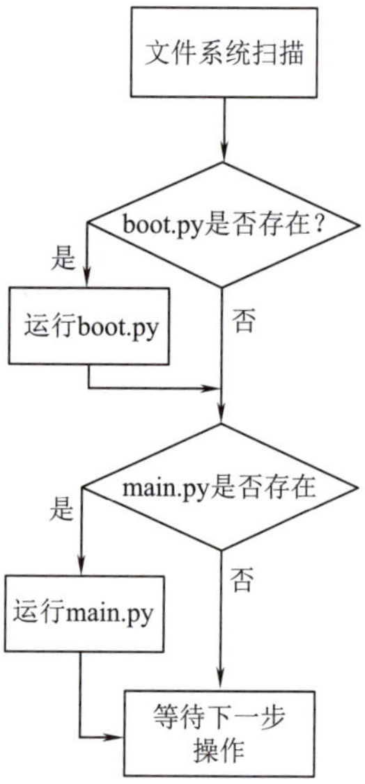

图1-3-15　文件系统运行流程图

因此通常将boot.py用作启动配置文件，用于对设备启动时的各项参数和环境进行配置；而将main.py作为开机自启的程序文件，设备启动后会自动运行该文件中的程序。

现在新建一个文件，写入以下内容：

```
print('TQD-Micromouse JS')
```

将文件保存至“MicroPython设备”，并将其命名为main.py，如图1-3-16所示。

若要执行发送EOF或软重启操作，可选择“运行”→“发送EOF/软重启”命令，如图1-3-17所示。

操作完成后，即可在Shell窗口中查看main.py程序的执行结果，如图1-3-18所示。

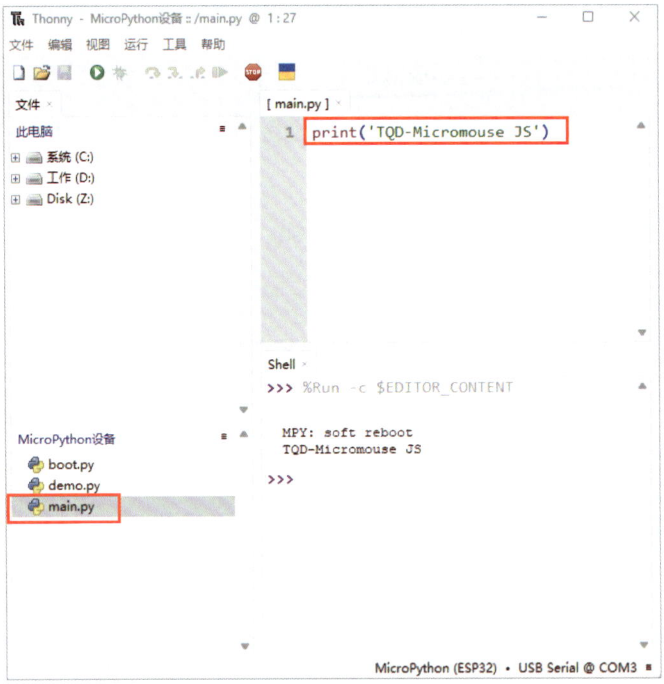

图1-3-16　保存main.py文件操作

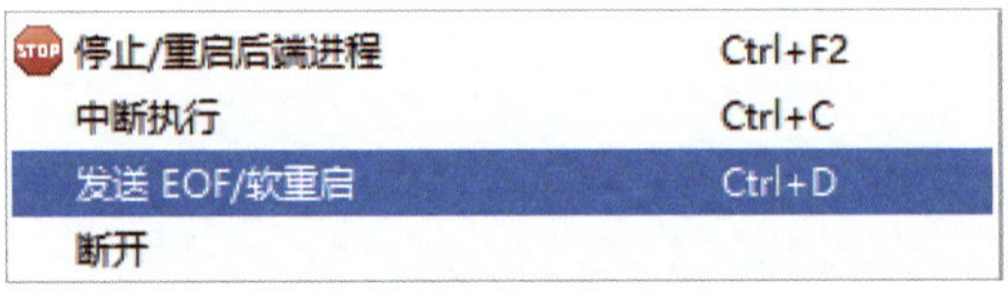

图1-3-17　设备软重启操作

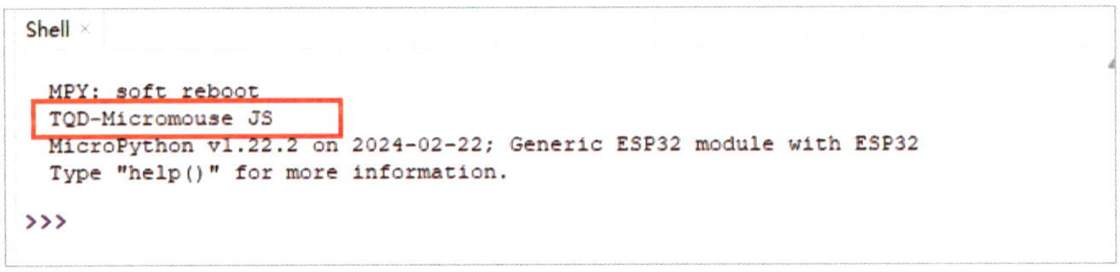

图1-3-18　设备自动执行main.py设置与运行

此后，智能鼠每次上电启动，都会自动优先执行保存的main.py文件。

另外，MicroPython的文件系统还支持lib目录。这个lib目录专门用于存放第三方库。当运行MicroPython程序时，如果导入的不是内置库，MicroPython解释器会先在当前目录下寻找对应的模块。若当前目录中未找到，解释器便会在文件系统的lib目录中继续查找，查找路径逻辑如图1-3-19所示。若在lib目录中也未找到所需模块，程序将会抛出错误。

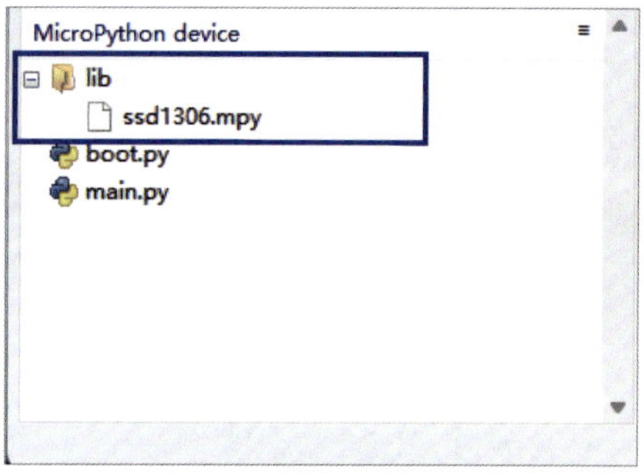

图1-3-19 lib目录结构与功能

思考与总结

（1）除Thonny外，常见的Python开发软件还有哪些？

（2）Thonny在与MicroPython设备交互时极为便捷，目前已经成为MicroPython开发领域的主流软件。

项目四　智能鼠的基本功能操作

学习目标

（1）探究智能鼠的红外检测原理。

（2）了解智能鼠的电动机原理。

（3）掌握智能鼠的姿态控制方法。

智能鼠的基本功能是从起点出发并顺利抵达终点。要在宽度受限且存在大量转弯的迷宫中实现快速、精准运行，离不开高精度的传感器检测、姿态检测以及对电动机运行的精准控制。鉴于不同环境下光照强度各不相同，地面摩擦情况也存在一定差异，因此，首要任务是完成各类传感器以及电动机的调试工作。

任务一　智能鼠的红外检测

一、红外传感器简介

红外传感器作为一种借助红外线感知并检测物体或环境信息的设备，其工作依托于红外线的独特属性，如图1-4-1所示。红外线属于不可见光，具备反射、折射以及散射等特性，这些特性使得红外传感器能够精准探测物体的位置、距离、温度等信息，在诸多领域发挥着关键作用。

图1-4-1　红外测温示意图

1. 红外传感器特点

红外传感器具备如下显著特点：

（1）非接触式测量：红外传感器无须与被测物体直接接触，即可完成测量工作。这一特性使其在面对高温、高压、高速运动或有毒有害物体时优势尽显，既能便捷地获取测量数据，又不会干扰被测物体的原有状态。

（2）响应速度快：该传感器对红外辐射变化响应极为迅速，能够实时捕捉物体温度或红外信号的动态改变，特别适用于那些对测量及反馈速度要求严苛的应用场景。

（3）灵敏度高：即使是极其微弱的红外辐射信号，红外线传感器也能敏锐察觉，进而实现对微小温度变化或细微红外信号的精准测量。

（4）测量范围广：无论是低温环境还是高温区域，红外线传感器都能胜任温度测量任务。同时，它还能良好适应不同强度的红外辐射环境，展现出强大的环境兼容性。

2. 红外传感器分类

常见的红外传感器主要分为主动式和被动式两类。

（1）主动式红外传感器。此类传感器具有主动发射红外线的功能，通过探测反射回来的红外线实现对物体的感知。以常见的红外线测距传感器为例，其工作过程为向目标物体发射红外线脉冲，随后精确测量红外线从发射至反射回传感器所经历的时间；依据光速恒定的原理，结合测得的时间，便能精准计算出传感器与物体之间的距离，如图1-4-2所示。

（2）被动式红外传感器。被动式红外传感器并不主动发射红外线，而是凭借探测物体自身散发的红外线开展工作。像热释电红外线传感器，就主要用于捕捉人体或其他发热物体辐射出的红外线，在安防监控的人体感应以及自动门感应等领域应用广泛，如图1-4-3所示。

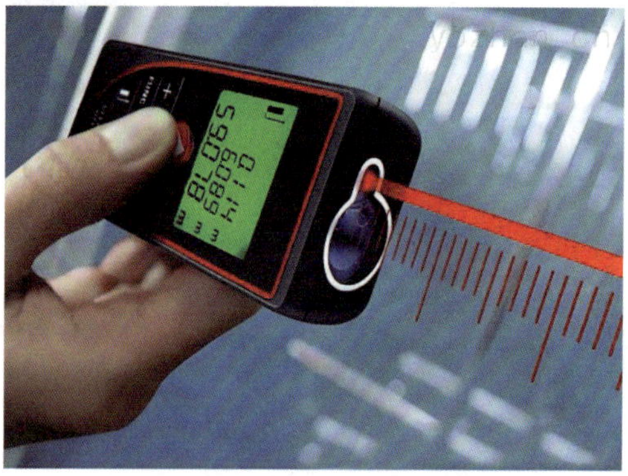

图1-4-2　红外测距应用场景

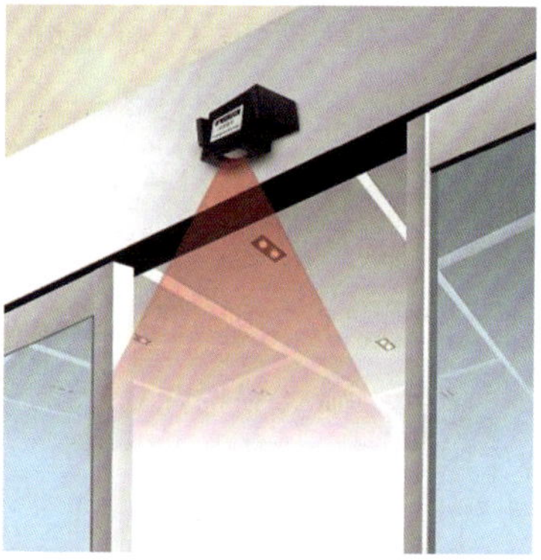

图1-4-3　自动门红外技术应用

以TQD-Micromouse JS为例，其配置了三组红外传感器。每组红外传感器均由红外发射头与红外接收头构成，如图1-4-4所示。这三组传感器分别用于检测水平左侧、水平右侧以及正前方的障碍物信息，为设备在复杂环境中的运行提供关键数据支持。

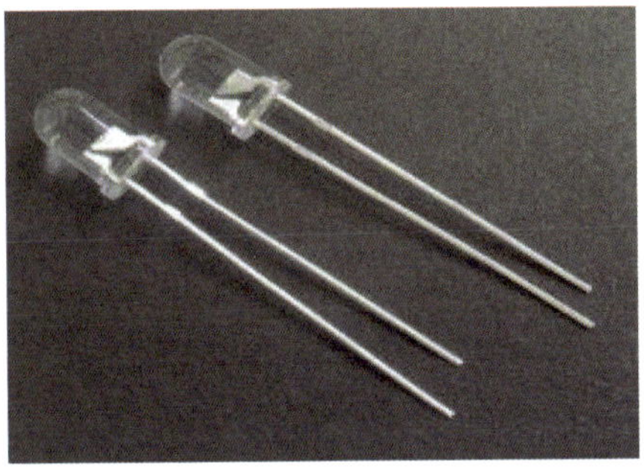

（a）红外发射头

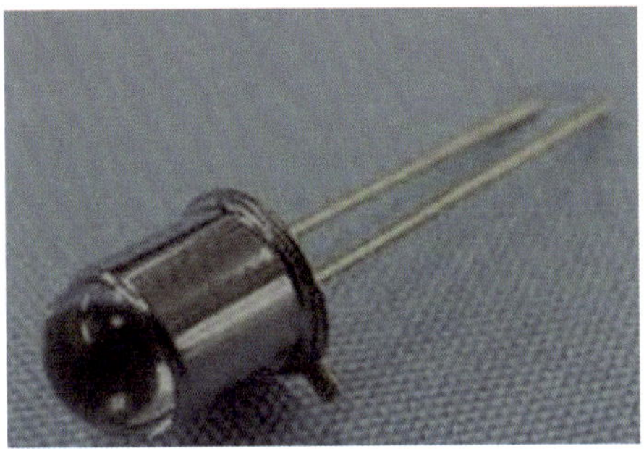

（b）红外接收头

图1-4-4　红外发射头和红外接收头

TQD-Micromouse JS所配备的红外传感器属于线性红外类型。其原理如图1-4-5所示。该传感器功能强大，不仅能够检测一定范围内是否存在障碍物，还可以判断与障碍物之间的距离远近。在智能鼠运行过程中，当遇到路口或者前方出现墙壁时，这一红外传感器就能发挥关键作用，为智能鼠的路径规划和行动决策提供重要依据。

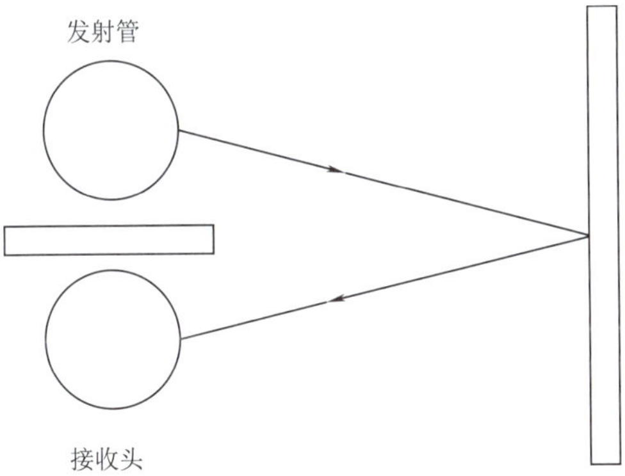

图1-4-5　红外传感器原理

二、红外传感器电路

TQD-Micromouse JS的红外传感器检测电路如图1-4-6所示。处理器输出的红外控制信号，会先经MOS管进行放大处理，放大后的信号进而控制红外发射管的导通与截止。当有障碍物存在时，红外发射管发出的红外线被反射，红外接收头一旦接收到反射回来的红外线，便会生成相应信号，并将其传输至GPIO口。此时，处理器依据接收到的电压数值，精确计算出智能鼠当前与障碍物之间的距离。

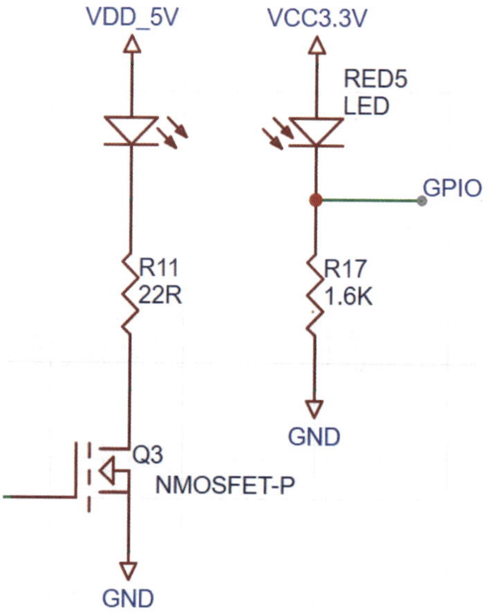

图1-4-6 红外传感器检测电路

三、红外传感器使用

TQD-Micromouse JS采用线性红外传感器，其输出值范围为0～4 095。该设备的三组红外传感器在电路连接上有独特设计，三个发射头共同连接一个触发IO，而三个接收头则分别使用独立的IO来接收数据。

三组红外传感器的IO端口分配情况，见表1-4-1。

表1-4-1 三组红外传感器的IO端口分配情况

红外	IO端口
红外触发	13
左红外接收	36
右红外接收	35
前红外接收	34

在执行红外检测任务时，应先触发红外发射头发射红外线。待250 μs的时间间隔过去后，方可读取反射回来的红外线信号。

视频

智能鼠红外检测

```
class Infrared:
    """ 读取红外 """
    def __init__(self) -> None:
        pass

    def init(self, trigger, ad0, ad1, ad4):
        self.bead_flag = 0  # 是否真正检测，1: 记录；0: 虽然开着计时器，
但不检测
```

```
        self.data0_filt = 0
        self.data1_filt = 0
        self.data4_filt = 0

        self.pin_trigger = Pin(trigger, Pin.OUT, Pin.PULL_DOWN)

        self.pin_ad0 = ADC(Pin(ad0, Pin.IN) , atten=ADC.ATTN_11DB)
        self.pin_ad1 = ADC(Pin(ad1, Pin.IN) , atten=ADC.ATTN_11DB)
        self.pin_ad4 = ADC(Pin(ad4, Pin.IN) , atten=ADC.ATTN_11DB)

        self.kalman0 = KalmanFilter()
        self.kalman1 = KalmanFilter()
        self.kalman2 = KalmanFilter()

    def timerInit(self, timer=2, period=10, mode=Timer.PERIODIC):
        self.timer_id = timer
        self.timer_period = period
        self.timer_mode = mode

    def timerStart(self):
        self.timer = Timer(self.timer_id)
        self.timer.init(period=self.timer_period, mode=self.
timer_mode, callback=self.read)

    def timerStop(self):
        self.timer.deinit()

    def readModel(self, flag:bool):
        self.bead_flag = flag

    def read(self, t=None):
        if not self.bead_flag:
            return

        self.pin_trigger.on()
        time.sleep_us(250)
        data0 = self.pin_ad0.read()
        data1 = self.pin_ad1.read()
        data4 = self.pin_ad4.read()

        self.data0_filt = self.kalman0.filt(data0)
        self.data1_filt = self.kalman1.filt(data1)
        self.data4_filt = self.kalman2.filt(data4)

        time.sleep_us(250)
```

```
            self.pin_trigger.off()
            time.sleep_ms(1)

        def getIr(self):
            return int(self.data0_filt), int(self.data1_filt),
int(self.data4_filt)

        def destory(self):
            self.timer.deinit()
            self.pin_trigger.off()
            time.sleep(0.1)
```

为有效提升红外数据的平滑度，在驱动程序中运用了卡尔曼滤波算法。与之对应的程序内容如下所示：

```
    class KalmanFilter:
        def __init__(self, P_last=0, v_last=0, out=0, Kg=0, Q=0.2,
R=0.8):
            #卡尔曼滤波初始化参数
            self.P_last=P_last          # k-1时刻估算协方差
            self.P_now=self.P_last      # k时刻估算协方差
            self.Kg=Kg                  # 卡尔曼增益
            self.Q=Q                    # 过程噪声协方差
            self.R=R                    # 观测噪声协方差
            self.out=out                # 卡尔曼滤波器输出(预测值)

        def filt(self, value):
            self.P_now = self.P_last + self.Q
            kg = self.P_now/(self.P_now + self.R)
            self.out = self.out + kg*(value - self.out)
            self.P_last = (1-kg)*self.P_now
            return self.out
```

编写程序，实现对红外检测数据的准确读取：

```
    import time
    time.sleep(3)
    from data import Infrared
    ir = Infrared()
    ir.init(trigger=13, ad0=36, ad1=35, ad4=34)
    ir.timerInit()
    ir.readModel(True)
    ir.timerStart()
    time.sleep(1)
    while 1:
        print(ir.getIr())
        time.sleep(0.1)
```

为实现高效管理，把class Infrared与class KalmanFilter放置于data.py文件内，并将data.py置于lib目录下。

在实际操作时，先用数据线将智能鼠连接至计算机，随后打开智能鼠的电池开关；接着，在Thonny编程环境中运行程序，此时若用障碍物遮挡智能鼠的红外传感器，即可在Thonny的Shell窗口中观察到红外数据输出，如图1-4-7所示。

```
Shell
(1234, 252, 0)
(403, 1, 0)
(1046, 0, 0)
(1844, 901, 83)
(1789, 1123, 104)
(983, 1358, 558)
(1746, 1319, 1831)
(1615, 1099, 2285)
(857, 1165, 2672)
(1101, 1371, 2667)
(1163, 1504, 2447)
(1080, 1504, 2401)
(961, 1517, 2429)
(940, 1482, 2381)
(946, 1486, 2326)
(964, 1553, 2361)
(990, 1730, 2500)
(993, 1773, 2471)
(1034, 1775, 2469)
```

图1-4-7　Shell信息反馈

依据Infrared类中的定义可知，图1-4-7所示第一列数据代表左红外检测值，第二列数据代表右红外检测值，第三列数据代表前红外检测值。该红外检测值与距离障碍物的远近存在对应关系：距离障碍物越近，输出值越大；距离障碍物越远，输出值越小。

注意事项：

（1）远距离情况：当智能鼠与障碍物的距离较远，比如超过10 cm时，输出值会极小，而且该输出值会受障碍物材质的影响，甚至可能为0。

（2）近距离情况：当智能鼠与障碍物的距离极近，比如小于2 cm时，输出值可能会随着距离的进一步减小而降低。这是因为此时传感器进入了检测盲区，导致检测结果不准确。

（3）程序停止问题：由于Infrared类采用计时器驱动红外检测，所以按【Ctrl+C】组合键或者单击STOP按钮时，程序可能无法立即停止。遇到这种情况，可以尝试多次按【Ctrl+C】组合键终止程序。

任务二　智能鼠的电动机驱动

一、电动机简介

电机是一种能够实现电能与机械能相互转换的电磁机械装置。其应用形式主要分为两类：一类是将机械能转化为电能，这类装置称为发电机；另一类是将电能转化为机械能，这类装置称为电动机，如图1-4-8所示。

图1-4-8　电动机实物图

1. 电动机特点

（1）效率高：电动机能够高效地把电能转化为机械能，其效率通常为70%～95%。不过，因电动机的类型和功率各异，效率也会有所不同。这种高效的能量转换特性，有助于降低能源消耗，减少运行成本。

（2）控制便捷：借助改变电压、电流、频率等参数，可轻松调控电动机的转速、转矩以及转向，从而满足不同的工作要求。例如，利用变频器能够实现交流电动机的无级调速。

（3）运行可靠：电动机结构相对简易，不存在复杂的机械传动部件，在运行期间故障发生概率较低，维护成本不高。而且，电动机能够在恶劣环境下正常运转，展现出较强的环境适应性。

（4）调速范围广：不同种类的电动机具备不同的调速性能，部分电动机可实现大范围调速，以满足多样化的工况需求。

2. 电动机分类

（1）按电源类型分类：

① 直流电动机：由直流电源为其供电，具备出色的调速性能以及较大的启动转矩。通过调整电枢电压或者励磁电流，就能便捷地改变电动机的转速，因此常用于对调速要求严苛的场景，如电力机车、轧钢机等设备。

② 交流电动机：交流电动机可进一步细分为同步电动机与异步电动机。同步电动机的转速与电源频率维持着严格的同步关系，主要适用于功率较大且转速要求恒定的场合，如大型空气压缩机、矿井通风机等领域。而异步电动机则是应用最为普遍的电动机类型，其转速稍低于同步转速，凭借结构简单、价格亲民、运行可靠等优势，在各类工业设备以及家用电器中广泛应用。

（2）按用途分类：

① 驱动用电动机：这类电动机主要用于驱动各类机械设备，如机床、水泵、风机等，是电动机应用最为主要的类型，如图1-4-9所示。

② 控制用电动机：控制用电动机主要服务于自动控制系统，在系统中充当执行元件或信号转换元件，常见的有伺服电动机、步进电动机等。伺服电动机具备精准控制转速与位置的能力，在数控机床、工业机器人这类对运动精度要求极高的设备中广泛应用，能够确保设备精准执行各项操作指令。步进电动机则可将电脉冲信号高效转换为角位移或线位移。在打印机、绘图仪等设备中发挥着关键作用，能够依据接收到的脉冲信号，精确控制打印头、画笔等部件的移动，从而实现高质量的图文输出，如图1-4-10所示。

图1-4-9　风机实物图

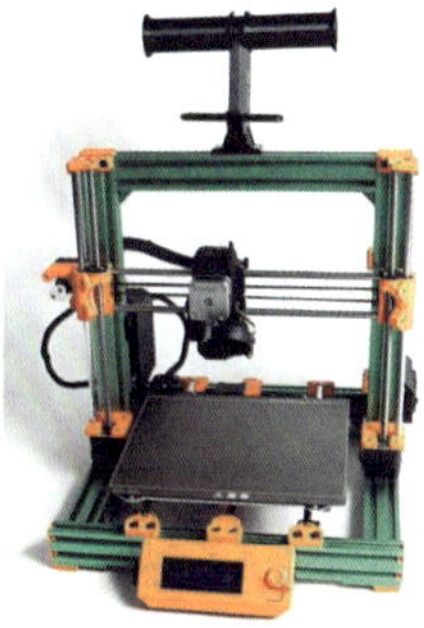

图1-4-10　3D打印机实物图

TQD-Micromouse JS运用双电动机四轮驱动模式，其所采用的电动机为全金属直流减速电动机，如图1-4-11所示。这种类型的电动机能够满足设备在运行过程中对动力和转速调节的需求。

图1-4-11　减速电动机

减速电动机又称减速马达，它将电动机与齿轮箱集成为一体，形成电动机减速机一体机。其主要传动结构由作为动力源的传动电动机（即马达）和齿轮箱共同构成减速机（减速设备）。这一装置具备连接、传动、减速以及提升扭矩（增强承载能力）等多重功能。传动电动机的结构类型丰富多样，包含直流有刷电动机、直流无刷电动机、步进电动机、空心杯电动机、永磁电动机等，这些不同类型的电动机作为减速机的传动源，能够输出低速、高扭矩的动力。在齿轮箱的作用下，进一步降低输出转速并提升扭矩，最终达成理想的传动效果。

在实际应用中，通过对减速电动机的启停和转速进行精准控制，即可让智能鼠在迷宫中实现直行与转弯动作。

二、PWM调速

1. PWM简介

PWM即“脉宽调制”。“脉宽”指的是脉冲的宽度。在图1-4-12中对应的是时间t。“脉宽调制”本质上就是对时间t的大小进行调整。当调整t时，单次能够改变的最小值Δt_{min}称为PWM的分辨率。

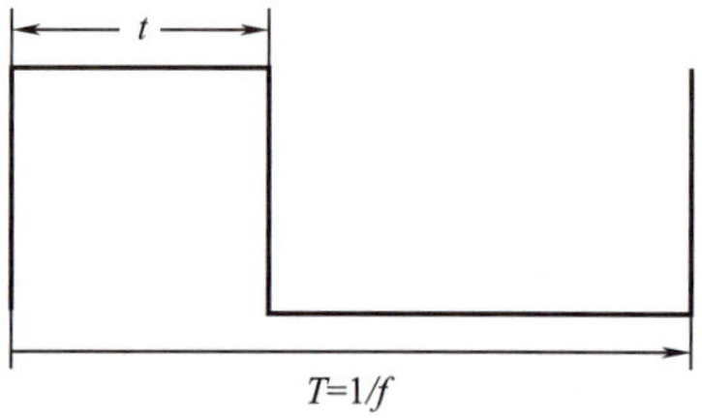

图1-4-12　PWM波形

2. PWM相关概念

占空比：指的是在输出的PWM信号中，高电平持续时间与PWM时钟周期时长的比值。举例来说，若一个PWM的频率为1 000 Hz，其时钟周期便是1 ms，即1 000 μs。假设高电平持续时间为200 μs，由于一个完整周期内高电平和低电平时间之和等于时钟周期，所以低电平持续时间必然是800 μs。那么该PWM的占空比就是200∶1 000，化简后为1∶5。

分辨率：反映的是占空比能够达到的最小变化程度。以单斜率PWM为例，8位PWM的理论分辨率为1∶255，16位PWM的理论分辨率则是1∶65 535。假定当脉冲宽度t=0时，占空比定义为0%；当t=T（T为时钟周期）时，占空比定义为100%。那么，8位PWM相当于将100%的占空比划分为256（即2^8）个等级，16位PWM则是将其划分为65 536（即2^{16}）个等级。显然，“位”数越大，分辨率越高，在进行脉宽调制时，调速效果就越趋近于“无级调速”。

PWM控制通过对一系列脉冲的宽度进行精确调制，从而等效获得所需的波形，包括波形的形状与幅值，如图1-4-12所示。

3. PWM的特点

PWM具备诸多显著优势。其一，从处理器传输至被控系统的信号均为数字形式，无须进行数/模转换。维持信号的数字形式，能最大程度降低噪声的影响。因为只有当噪声强度足以使逻辑1转变为逻辑0，或者将逻辑0转变为逻辑1时，才会干扰到数字信号。其二，相较于模拟控制，PWM具有增强的抗噪声能力，这也是PWM有时被应用于通信领域的主要原因。从模拟信号转换为

PWM信号，能够显著延长通信距离。在接收端，借助合适的RC或LC网络，可有效滤除调制高频方波，进而将信号还原为模拟形式。

4. PWM控制原理

下面首先来观察图1-4-13所示的三组不同脉冲信号。

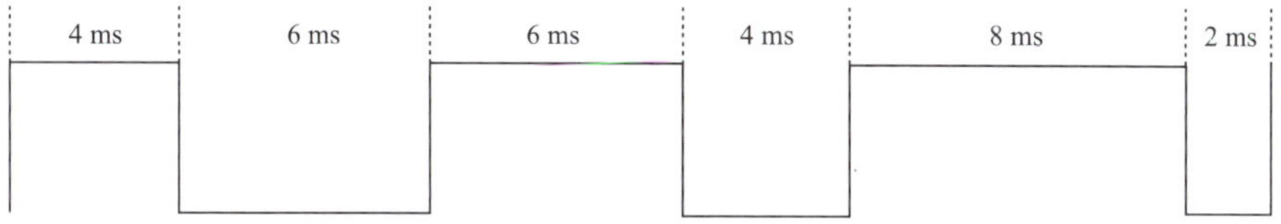

图1-4-13　三组不同脉冲信号特性对比与应用

图1-4-13中呈现的波形，其周期为10 ms，对应的频率是100 Hz。在每个周期内，高、低电平的脉冲宽度并不相同：第一部分波形的占空比为40%，第二部分波形占空比为60%，第三部分波形的占空比为80%。

这样的波形如何能对模拟电路实施控制呢？在数字电路里，仅有0和1两种状态。以点亮LED的程序为例，当设定“LED = 0;”时，小灯便会长亮；而设定“LED = 1;”时，小灯则会熄灭。倘若让小灯亮和灭交替运行，小灯就会呈现闪烁状态。

现在，将亮灭的时间间隔持续缩短，当频率提升至100 Hz以上，超出人眼可分辨的范围时，小灯看起来会一直保持亮的状态，但其亮度却低于“LED = 0;”时的亮度。此时，如果持续调整时间参数，让“LED = 0;”的时长大于或者小于“LED = 1;”的时长，就会发现小灯的亮度随之改变。如此一来，就营造出了模拟电路的效果，不再只是单纯的0和1状态，而是有了亮度的连续变化。

以图1-4-13中100 Hz的信号为例，假设高电平对应熄灭小灯，低电平对应点亮小灯。那么，第一部分波形中，小灯熄灭4 ms，点亮6 ms，此时亮度最高；第二部分波形中，小灯熄灭6 ms，点亮4 ms，亮度次之；第三部分波形中，小灯熄灭8 ms，点亮2 ms，亮度最低。

应用（以LED为例）：通过上述对PWM波形控制原理的理解，在实际应用中，利用不同占空比的PWM信号控制LED，能够精准调节LED的亮度，满足多样化的照明需求。

图1-4-14所示为一个能够运用PWM驱动的简易电路。此电路采用9 V电池为白炽灯供电，当连接电池与灯泡的开关闭合50 ms时，灯泡在这期间会获得

9 V的供电电压，而在下一个50 ms内，若开关断开，灯泡所获得的供电电压即为0 V。倘若在1 s内，该过程重复10次，此时灯泡会被点亮，其状态如同连接在一个4.5 V（9 V的50%）的电池上。在这种情况下，占空比为50%，调制频率为10 Hz。

图1-4-14　PWM驱动工作机制与电路连接示意图

实际上，大多数负载，不管是电感性负载还是电容性负载，所需要的调制频率都高于10 Hz。可以这样设想，假如灯泡先接通5 s，然后断开5 s，接着又接通、再断开……此时占空比依旧是50%，但灯泡在前5 s会处于点亮状态，接下来的5 s则会熄灭。若要让灯泡实现等效4.5 V电压的供电效果，开关的通断循环周期相较于负载对开关状态变化的响应时间，必须足够短。就以调光灯（保持长亮状态）的效果来说，必须提升调制频率。在其他PWM应用场景中，同样存在这样的要求。一般而言，调制频率处于1 kHz～200 kHz这个区间。

5. PWM调速方法

直流电动机PWM调速控制原理图及输入/输出电压波形如图1-4-15所示。具体工作过程如下：当开关管的驱动信号为高电平时，开关管处于导通状态，此时电源输出电压为U_s。

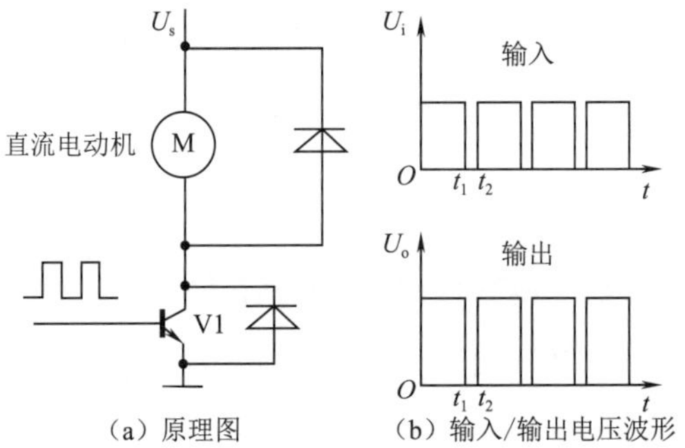

图1-4-15　直流电动机PWM调速控制原理图及输入/输出电压波形

经过t_1后，驱动信号变为低电平，开关管截止，电源输出电压变为0。

再过t_2后，驱动信号又重新变为高电平，开关管再次重复之前的动作。与输入电平的高低相对应，电源电压波形如图1-4-15（b）所示。在此过程中，电动机的电枢绕组两端的电压平均值为U_o，即

$$U_o=(t_1\times U_s+t_2\times 0)/(t_1+t_2)=(t_1\times U_s)/T=DU_s$$

式中，D代表占空比，其计算公式为$D=t_1/T$。

占空比D反映了在一个完整周期T内，开关管导通时间与周期的比例关系。D的取值范围为$0\leqslant D\leqslant 1$。当电源电压U_s保持恒定时，电动机电枢绕组两端电压的平均值U_o完全由占空比D的大小所决定。通过改变D的值，就能改变电枢绕组两端电压的平均值，进而达到控制电动机转速的目的，这便是PWM调速的实现原理。

应用（电动机控制领域）：脉宽调制属于一种模拟控制方法，它依据相应载荷的变化情况，对晶体管基极或MOS管栅极的偏置进行调制，以此改变晶体管或MOS管的导通时间，进而实现对开关稳压电源输出的调控。采用这种方式，即便工作条件发生变化，电源的输出电压仍能维持恒定。这是一种借助微处理器的数字信号，对模拟电路进行高效控制的极为有效的技术。

三、电动机驱动

TQD-Micromouse JS电动机IO端口相关信息见表1-4-2。

表1-4-2中，M1、M2和M3、M4分别是左电动机和右电动机插座在电路板上的丝印标识。

表1-4-2　电动机IO端口相关信息

电动机	IO端口
左电动机	M1 23，M2 25
右电动机	M3 26，M4 27

关于转向的真值表见表1-4-3。

表1-4-3　转向真值表

（a）左电动机

左电动机	M2 高电平	M2 低电平
M1 高电平	停	反转
M1 低电平	正转	停

（b）右电动机

右电动机	M4 高电平	M4 低电平
M3 高电平	停	正转
M3 低电平	反转	停

注意：由于电动机需与车轮齿轮进行啮合，上述提及的转向实际上针对的是车轮的转动方向。其中，正转意味着车轮向前转动，反转则表示车轮向后转动。

视频

智能鼠电动机驱动

电动机驱动运用PWM调速方法，驱动程序如下：

```
from machine import Pin, PWM
import time


class Motor:
    """ JQ3 motor """
    def __init__(self):
        self.speed_left = 0
        self.speed_right = 0

        self.speed_turn_left = 0
        self.speed_turn_right = 0

    def motorInit(self, m1=23, m2=25, m3=26, m4=27):
        self.pin_m1_l = Pin(m1, Pin.OUT)
        self.pin_m2_l = Pin(m2, Pin.OUT)

        self.pin_m3_r = Pin(m3, Pin.OUT)
        self.pin_m4_r = Pin(m4, Pin.OUT)

        self.pwm_m1_l = PWM(self.pin_m1_l)
        self.pwm_m1_l.freq(1000)
        self.pwm_m1_l.duty(0)

        self.pwm_m2_l = PWM(self.pin_m2_l)
        self.pwm_m2_l.freq(1000)
        self.pwm_m2_l.duty(0)

        self.pwm_m3_r = PWM(self.pin_m3_r)
        self.pwm_m3_r.freq(1000)
        self.pwm_m3_r.duty(0)

        self.pwm_m4_r = PWM(self.pin_m4_r)
        self.pwm_m4_r.freq(1000)
        self.pwm_m4_r.duty(0)

    def setSpeed(self, left, right):
        self.speed_left = left
        self.speed_right = right

    def setTurnSpeed(self, left=500, right=500):
        self.speed_turn_left = left
        self.speed_turn_right = right

    def pwmLeft(self, duty1, duty2):
```

```
        """ 正转: 0 1, 反转: 1 0 """
        self.pwm_m1_l.duty(duty1)
        self.pwm_m2_l.duty(duty2)

    def pwmRight(self, duty3, duty4):
        """ 正转: 1 0, 反转: 0 1 """
        self.pwm_m3_r.duty(duty3)
        self.pwm_m4_r.duty(duty4)

    def turnRight(self, left=None, right=None):
        """ 原地右转弯 """
        left = self.speed_turn_left if left==None else left
        right = self.speed_turn_right if right==None else right
        self.pwmLeft(0, left)
        self.pwmRight(0, right)

    def turnLeft(self, left=None, right=None):
        """ 原地左转弯 """
        left = self.speed_turn_left if left==None else left
        right = self.speed_turn_right if right==None else right
        self.pwmLeft(left, 0)
        self.pwmRight(right, 0)

    def stop(self):
        self.pwmLeft(0, 0)
        self.pwmRight(0, 0)

    def brake(self, left=None, right=None):
        left = self.speed_left if left==None else left
        right = self.speed_right if right==None else right
        self.pwmLeft(left, 0)
        self.pwmRight(0, right)

    def destroy(self):
        self.stop()
        time.sleep_ms(100)

        self.pwm_m1_l.deinit()
        self.pwm_m2_l.deinit()
        self.pwm_m3_r.deinit()
        self.pwm_m4_r.deinit()

        self.pin_m1_l.off()
        self.pin_m2_l.off()
        self.pin_m3_r.off()
        self.pin_m4_r.off()
        time.sleep_ms(200)
```

要编写一个程序，该程序的主要功能是驱动电动机进行转动。在编写程序过程中，需要考虑电动机的各项参数以及驱动电路的特性，确保程序能够准确、稳定地控制电动机的运转。

```
import time
from motor import Motor
motor = Motor()
time.sleep(3)
motor.motorInit(m1=23, m2=25, m3=26, m4=27)
time.sleep(1)

def forward():
    motor.pwmLeft(0, 800)
    motor.pwmRight(800, 0)
    time.sleep(3)

def turnRight():
    motor.pwmLeft(0, 800)
    motor.pwmRight(0, 800)
    time.sleep(5)

def turnLeft():
    motor.pwmLeft(800, 0)
    motor.pwmRight(800, 0)
    time.sleep(5)

def stop():
    motor.pwmLeft(0, 0)
    motor.pwmRight(0, 0)
    time.sleep(0.1)

forward()
stop()
turnRight()
stop()
turnLeft()

motor.destroy()
time.sleep(1)
```

为实现便捷管理，把class Motor存放在motor.py文件中，并将motor.py置于lib目录下。

在操作智能鼠时，首先要通过数据线将其连接到计算机，打开电池开关；随后在Thonny环境中运行程序，此时便能观察到智能鼠的两只电动机依照程序设定运转起来。

注意事项：

（1）鉴于电动机会转动，为避免意外，建议用手拿起智能鼠，或借助其他物品将智能鼠支撑起来，确保其运行时的稳定性。

（2）由于电动机转动过程中耗电量较大，若单独依靠USB供电，很可能因供电不足，致使MicroPython系统重启。所以，强烈建议插入电池，并打开电池电源开关，以保障稳定供电。

任务三　智能鼠的姿态控制

一、陀螺仪简介

陀螺仪（gyroscope）一般是指一类基于角动量守恒原理运作的装置。其核心功能在于能够精准感知物体在三维空间内的方向以及转动状态，如图1-4-16所示。从广义范畴来讲，任何一种可对角度、角速度等与旋转紧密相关的物理量进行测量的传感器，都可归类为陀螺仪。在航空航天领域，陀螺仪助力飞行器实现精确的姿态控制与导航；航海中，它为船舶稳定航行提供关键的方向和姿态数据；在汽车行业里，陀螺仪在车辆的动态稳定控制系统等方面发挥重要作用；在电子设备领域，像智能手机、无人机等产品，陀螺仪能够实现屏幕自动旋转、飞行姿态调整等功能。由此可见，陀螺仪在诸多领域都扮演着至关重要的角色。

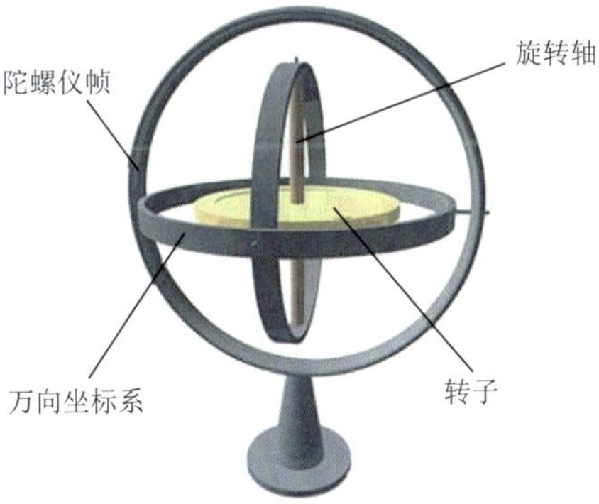

图1-4-16　陀螺仪的基本结构

1. 陀螺仪的特点

陀螺仪具备以下显著特点：

（1）测量精准度高：它能够极为精确地测量物体的角速度以及姿态变化

情况，为各类系统提供精确无误的运动信息。高精度的陀螺仪完全能够满足航空航天、军事等对精确导航与姿态控制有着严苛要求的领域的实际需求。例如在航空航天中，精准的角速度和姿态数据能够确保飞行器沿着预定轨道稳定飞行，完成复杂的任务。

（2）可靠性强：历经长期的发展与不断改进，陀螺仪的可靠性得到了极大提升。尤其是现代的光学陀螺仪和MEMS（微机电系统）陀螺仪，不仅抗干扰能力出众，而且使用寿命长。这使得它们能够在如高温、高压、强电磁干扰等复杂的环境条件下依然保持稳定的工作状态，为系统的正常运行提供有力保障。

（3）响应迅速：陀螺仪能够迅速对物体的运动变化做出反应，实时准确地测量角速度和姿态信息。这一特性对于那些需要实时进行控制和反馈的系统而言至关重要。以飞行器的飞行控制系统为例，快速的响应能够使飞行器及时调整姿态，保持飞行的平稳；在机器人的运动控制中，实时的姿态信息反馈能够让机器人更灵活、准确地完成各种动作。

（4）体积小巧、功耗较低：随着科技的持续进步，特别是MEMS陀螺仪的问世，陀螺仪在体积和功耗方面有了显著的优化。其体积日益小巧，功耗也不断降低，这使得陀螺仪得以广泛应用于各类便携式设备和移动终端，如智能手机、平板计算机等。在这些设备中，陀螺仪能够实现诸如屏幕自动旋转、体感游戏等功能，为用户带来更加丰富和便捷的体验。

2. 陀螺仪的分类

陀螺仪主要可划分为以下三类：

（1）传统机械陀螺仪。传统机械陀螺仪基于角动量守恒原理运作。其核心在于一个高速旋转的转子，该转子具有独特的性质，即能保持其旋转轴方向稳定不变。当承载陀螺仪的物体发生旋转时，陀螺仪的转子轴会对这种旋转产生抵抗作用。通过精准检测转子轴与物体坐标系之间的相对运动情况，便能够测量出物体的旋转角度和角速度。

从结构上看，传统机械陀螺仪一般由转子、内环、外环以及基座等关键部分构成，如图1-4-17所示。其中，转子是实现高速旋转的核心部件，其高速转动是整个陀螺仪工作的基础。内环和外环的作用是支撑转子，通过巧妙的设计使得转子能够在多个不同方向上自由旋转，以此适应物体在复杂空间中的各种转动情况。基座则承担着将陀螺仪稳固地固定在被测物体上的重要职责，确保陀螺仪与被测物体成为一个相对稳定的整体，从而准确测量物体的运动参数。

（2）光学陀螺仪。光学陀螺仪是基于光的干涉原理来实现测量功能的，典型的代表有光纤陀螺仪（FOG）和环形激光陀螺仪（RLG），如图1-4-18所示。

图1-4-17　机械陀螺仪

图1-4-18　光学陀螺仪

在光纤陀螺仪的运作过程中，两束光在光纤环内沿着相反的方向传播。一旦光纤环出现旋转，这两束光所走过的光程就会相应发生改变。通过精确检测由光程变化所引发的干涉条纹的移动情况，就能够准确计算出旋转的角速度。而环形激光陀螺仪的工作原理则是借助环形激光腔中激光束在旋转时所产生的频率差，以此来实现对角速度的测量。

以光纤陀螺仪为例进行结构剖析，它主要由光源、耦合器、光纤环以及探测器等关键部件构成。光源负责产生光信号，所产生的光通过耦合器被均匀地分成两束，这两束光分别沿着光纤环的顺时针和逆时针方向进行传播。当这两束光最终在探测器处相遇时，便会发生干涉现象。后续通过对干涉信号进行深入处理和分析，就能够从中获取关于旋转的相关信息，从而实现对物体旋转状态的监测。

（3）MEMS（微机电系统）陀螺仪。MEMS陀螺仪基于科里奥利力原理工作。在其内部构造中，存在一个可振动的质量块。当整个MEMS陀螺仪器件绕垂直于质量块振动方向的轴发生旋转时，质量块会因科里奥利力的作用，产生与旋转角速度成正比关系的位移。通过精确检测质量块的这一位移变化，就能实现对角速度的测量。

从构成组件来看，MEMS陀螺仪通常由硅基微结构、驱动电路以及检测电路等主要部分组成，如图1-4-19所示。其中，硅基微结构是实现角速度测量的核心环节，它涵盖了振动质量块、弹性梁以及电极等关键部件。驱动电路的作用在于为质量块提供周期性振动的驱动力，确保质量块能够持续稳定地振动。

而检测电路则承担着检测质量块在科里奥利力影响下所产生微小位移的重任，并将这一位移信号精准转换为便于处理的电信号，后续经过一系列数据处理流程，最终得出物体的旋转角速度信息。

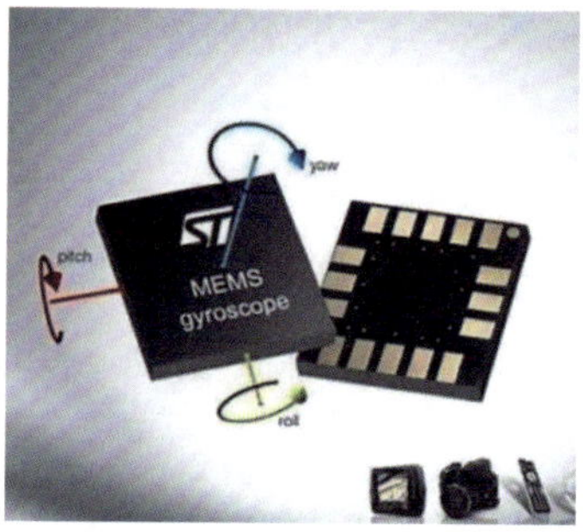

图1-4-19 MEMS陀螺仪

智能鼠在运行过程中，姿态变化难以避免。一些较为剧烈的姿态改变，甚至可能致使智能鼠无法持续正常运行。因此，需要借助传感器来实时监测智能鼠的姿态状况，而陀螺仪通常被用于承担此项任务。TQD-Micromouse JS集成了一块基于MEMS技术的高性能三维运动姿态测量系统（以下简称陀螺仪），见图1-2-5，该陀螺仪能够实时检测智能鼠在三个坐标轴方向上的角度变化。

二、姿态解析

智能鼠在迷宫中的运行属于平面运动，主要包含直行和转弯这两种姿态。

1. 直行姿态

TQD-Micromouse JS依靠姿态倾斜来实现直线行走。当启动运行时，系统会首先将陀螺仪的偏航角设置为零。在后续运行过程中，通过实时监测当前的偏航角数值，就能判断智能鼠是否发生了姿态倾斜，如图1-4-20所示。

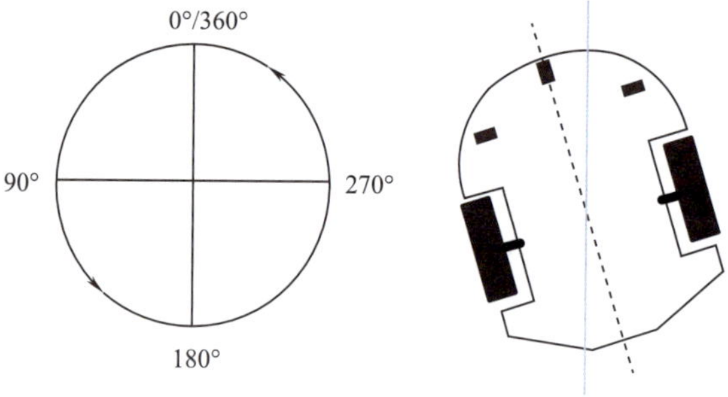

图1-4-20 直行姿态

当智能鼠车头朝向不同方向时，可依据陀螺仪的偏航角（yaw）数值来判断其是否出现姿态倾斜：

（1）若车头朝上，当偏航角满足0° <yaw<90° ，表明智能鼠向左倾斜；当270° <yaw<360° ，表明智能鼠向右倾斜。

（2）若车头朝右，当yaw>270° ，说明智能鼠向左倾斜；当yaw<270° ，

说明智能鼠向右倾斜。

（3）若车头朝下，当yaw>180°，说明智能鼠向左倾斜；当yaw<180°，说明智能鼠向右倾斜。

（4）若车头朝左，当yaw>90°，说明智能鼠向左倾斜；当yaw<90°，说明智能鼠向右倾斜。

2. 转弯姿态

TQD-Micromouse JS在实现转弯动作时，采用的是外侧轮正转、内侧轮反转的方式，如图1-4-21所示。

当TQD-Micromouse JS需要执行转弯动作时，它会首先对自身车头的朝向进行精准判断，随后依据这一判断结果，控制电动机进入差速旋转状态。在转弯过程中，系统持续监测陀螺仪数据，直至陀螺仪数据达到预先设定的目标数值，此时便结束转弯动作，如图1-4-22所示。

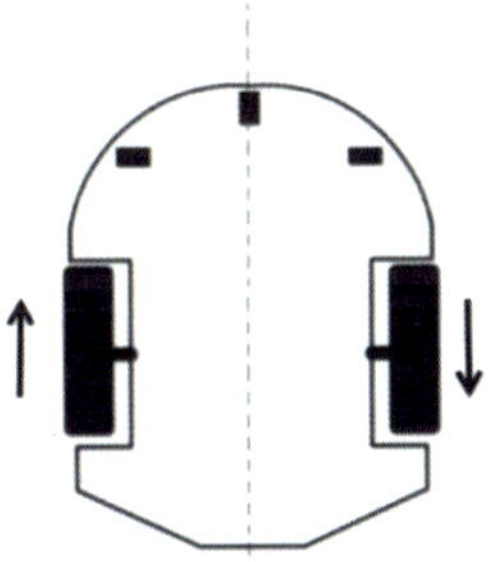

图1-4-21　外侧轮正转、内侧轮反转

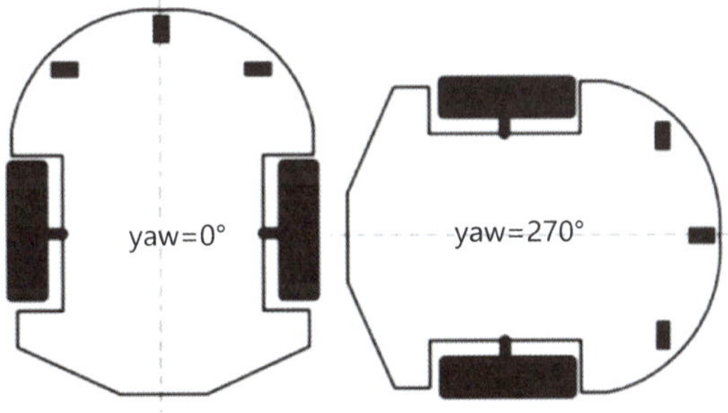

图1-4-22　转弯姿态

三、姿态控制

TQD-Micromouse JS主控芯片与陀螺仪之间通过串口实现数据交互。

串口的ID是2，IO相关信息见表1-4-4。

表1-4-4　串口IO的相关信息

UART	IO
Tx	17
Rx	16

以下为TQD-Micromouse JS所集成的基于MEMS技术的陀螺仪的驱动程序：

```
class Gyro:

    def __init__(self) -> None:
        pass

    def init(self, uart):
        self.gyro_uart = UART(uart, baudrate=115200)
```

视频

智能鼠姿态控制

```
            self.rotate = 0

        def RTZ(self):
            unlock = 'FFAA6988B5'    # 解锁，Python中可以有空格分隔，
MicroPython中必须去掉空格
            unlock_b = bytes.fromhex(unlock)+b'\n'

            rtz = 'FFAA010400'            # 归零，return to zero
            rtz_b = bytes.fromhex(rtz)+b'\n'

            self.gyro_uart.write(unlock_b)
            time.sleep_ms(300)            # 要间隔200 ms以上
            self.gyro_uart.write(rtz_b)

        def led(self, left=1, right=1, flash=False, count=2):
            unlock = 'FFAA6988B5'
            unlock_b = bytes.fromhex(unlock)+b'\n'

            left_on = 'FFAA110200'        # D3
            left_on_b = bytes.fromhex(left_on)+b'\n'
            left_off = 'FFAA110300'
            left_off_b = bytes.fromhex(left_off)+b'\n'

            right_on =  'FFAA0F0200'      # D1
            right_on_b = bytes.fromhex(right_on)+b'\n'
            right_off = 'FFAA0F0300'
            right_off_b = bytes.fromhex(right_off)+b'\n'

            self.gyro_uart.write(unlock_b)
            time.sleep_ms(200)            # 要间隔200 ms以上

            if flash:
                for i in range(count):
                    time.sleep_ms(500)
                    self.gyro_uart.write(left_on_b)
                    time.sleep_ms(10)
                    self.gyro_uart.write(right_on_b)
                    time.sleep_ms(500)
                    self.gyro_uart.write(left_off_b)
                    time.sleep_ms(10)
                    self.gyro_uart.write(right_off_b)
            else:
                if left:
                    time.sleep_ms(10)
                    self.gyro_uart.write(left_on_b)
                else:
                    time.sleep_ms(10)
```

```
                self.gyro_uart.write(left_off_b)
            if right:
                time.sleep_ms(10)
                self.gyro_uart.write(right_on_b)
            else:
                time.sleep_ms(10)
                self.gyro_uart.write(right_off_b)

    def rotateSet(self, rotate):
        # rotate，初始化时逆时针旋转几个90°
        # 0: 出发时，车头向上，1号智能鼠
        # 1: 出发时，车头向左，2号智能鼠
        # 2: 出发时，车头向下，3号智能鼠
        # 3: 出发时，车头向右，4号智能鼠
        self.rotate = rotate

    def read(self):
        self.gyro_uart.read()
        while 1:
            if self.gyro_uart.any()>=11:
                data0 = self.gyro_uart.read(1)[0]
                if data0==85:
                    data1 = self.gyro_uart.read(1)[0]
                    if data1==83:
                        data = self.gyro_uart.read(9)
                        x = data[:2]
                        y = data[2:4]
                        z = data[4:6]
                        roll = int.from_bytes(x, 'little')*180/32768
                        pitch = int.from_bytes(y, 'little')*180/32768
                        yaw = int.from_bytes(z, 'little')*180/32768
                        # 六轴算法，逆时针一周，数值的变化是 0~360。
                        break
        if self.rotate==1:
            yaw = (yaw+90)%360
        elif self.rotate==2:
            yaw = (yaw+180)%360
        elif self.rotate==3:
            yaw = (yaw+270)%360
        self.gyro_uart.read()
        return yaw

    def destory(self):
        pass
```

编写程序，读取陀螺仪数据：

```
import time
```

```
    time.sleep(3)
    from machine import Pin, UART
    from data import Gyro

    gyro = Gyro()
    gyro.init(2)
    gyro.RTZ()
    def gyro_read():
        while 1:
            yaw = gyro.read()
            print(yaw)
            time.sleep(0.1)

    gyro_read()
    time.sleep(1)
```

为实现便捷管理，把class Gyro存储在data.py文件中，随后将data.py放置于lib目录下。

考虑到智能鼠在迷宫中的运行情况，其运动仅涉及绕Z轴的旋转，因此在数据读取方面，只需获取偏航角即可。

在实际操作时，先用数据线将智能鼠连接至计算机，接着在Thonny编程环境中运行相关程序。此时，在平面上手动旋转智能鼠，就能够在Thonny的Shell窗口中观察到相应的数据输出，如图1-4-23所示。

智能鼠在启动阶段，会对偏航角执行初始化操作，将其数值设定为零。当智能鼠逆时针旋转一周时，偏航角的输出值变化范围为0～360。

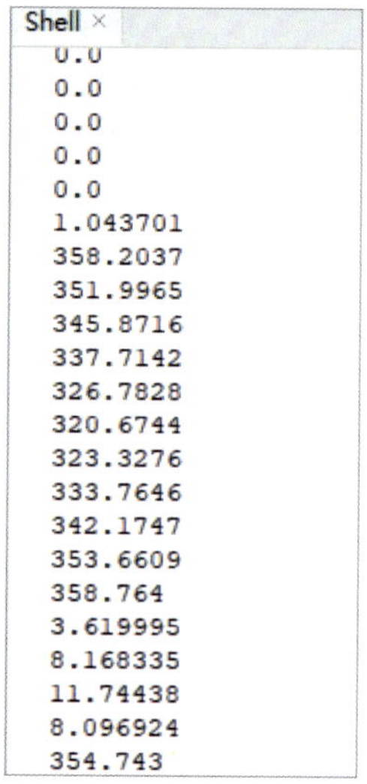

图1-4-23 Shell信息反馈

思考与总结

（1）红外传感器的功能是什么？怎样提升其检测精度？

（2）电动机总共包含哪些类型？

（3）陀螺仪作为一种能够精准测定运动物体的方位、水平状态、位置以及角速度等参数的仪器，在众多领域都发挥着至关重要的作用。

第二篇　综合实践篇

本篇系统讲解智能鼠直线运动与精确转弯的调试方法，对智能鼠创新竞赛基本原理和操作展开深入剖析。学生通过学习，能够快速掌握智能鼠转弯函数，熟练运用多种转弯组合。竞赛时，参赛队员从裁判随机抽取的任务试卷获取考核题目，在现场编写程序，完成题目规定的功能。

TQD_MICROMOUSE_JQ/JD/JM

项目一 智能鼠高级功能

学习目标

（1）掌握智能鼠直线运动原理；熟练掌握其控制方法。

（2）掌握控制智能鼠精确转弯运动。

在迷宫场景下，智能鼠的行动主要由直行与转弯构成。直行过程中，智能鼠通过传感器实时检测两侧墙壁，校正车姿，避免与墙壁碰撞。在转弯环节，智能鼠需实现精准的90°和180°转向，并通过直行与转弯的合理配合，按规划路径抵达目标位置。

任务一　智能鼠直行的控制方法

一、直行原理

智能鼠搭载的传感器，如同它敏锐的“眼睛”，而轮子则恰似灵活的“脚”。若要让智能鼠依照预设要求运动与工作，就必须掌握传感器和轮子的控制方法。这一过程，与人类运动机制颇为相似。人在行进时，借助眼睛收集周围环境信息，经大脑分析后指挥双脚行动。

智能鼠同样如此，依靠传感器采集外界信息，经内部算法处理后，实现对轮子运动的精准控制。当智能鼠向左偏移，增加左侧电动机速度，或降低右侧电动机速度，促使其回归既定路线；反之，当智能鼠向右偏移，增加右侧电动机速度，或降低左侧电动机速度。其控制流程图如图2-1-1所示。

TQD-Micromouse JS配备红外传感器与陀螺仪，可用于检测智能鼠的姿态偏移情况。具体检测方法，在“第一篇项目四”中有详细介绍。此外，该部分内容还对电动机驱动方法进行了讲解，此处不再重复。

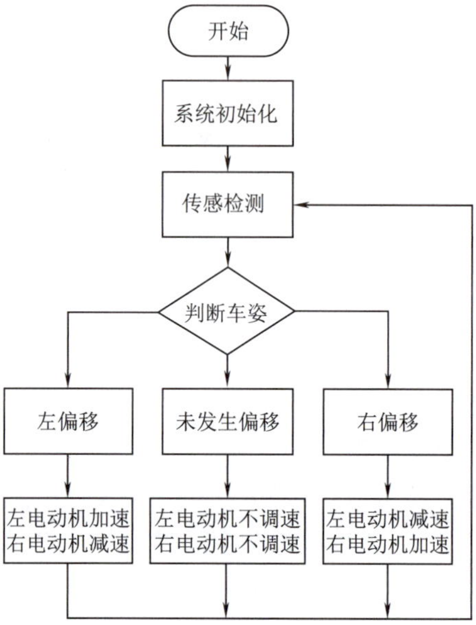

图2-1-1　智能鼠运行校正流程图

在实际应用中，红外传感器和陀螺仪既能够单独发挥作用，控制智能鼠实现直行，也可以组合使用。两者配合，可对智能鼠的运行状态进行多维度监测，有效提升智能鼠直行时的稳定性，降低偏移误差。

二、红外传感器控制直行

在操作智能鼠时，需先将智能鼠置于迷宫通道的正中间位置，随后接通电源并启动程序。具体运行步骤如下：

（1）智能鼠启动后，首先对电动机和红外传感器进行初始化操作；

（2）红外传感器会进行20次循环检测，将所得数据求取平均值，以此作为后续姿态判断的阈值；

（3）依据红外传感器的实时读数，实现智能鼠循迹直行。

相关程序如下：

```
# main.py
import time
time.sleep(3)

from machine import Pin, I2C, UART
from data import Infrared
from motor import Motor

# 初始化电动机
```

```
motor = Motor()
motor.motorInit(m1=23, m2=25, m3=26, m4=27)
left = 800
right = 800
time.sleep(0.5)

# 初始化红外传感器
ir = Infrared()
ir.init(trigger=13, ad0=36, ad1=35, ad4=34)
ir.timerInit()
ir.readModel(True)
ir.timerStart()
time.sleep(0.5)

# 自动计算红外传感器的阈值，循环检测20次，取平均值
count_a0 = []
count_a1 = []
for i in range(20):
    a0, a1, a4 = ir.getIr()
    count_a0.append(a0)
    count_a1.append(a1)
    time.sleep(0.1)
a0_mean = sum(count_a0)/20
a1_mean = sum(count_a1)/20

motor.pwmLeft(0, left)
motor.pwmRight(right, 0)

# 循迹直行，速度调整量为50，可以根据实际情况调整
while True:
    a0, a1, a4 = ir.getIr()
    if a0 > a0_mean:
        motor.pwmLeft(0, left+50)
        motor.pwmRight(right-50, 0)
    elif a1 > a1_mean:
        motor.pwmLeft(0, left-50)
        motor.pwmRight(right+50, 0)
    else:
        motor.pwmLeft(0, left)
        motor.pwmRight(right, 0)
```

视频

陀螺仪控制直行

三、陀螺仪控制直行

调试智能鼠时，首先将智能鼠平稳放置于迷宫通道正中央，随后接通电源，启动配套程序。智能鼠启动后，执行以下操作：

（1）智能鼠启动后，对电动机与陀螺仪完成初始化配置；

（2）陀螺仪自动执行归零操作，确保数据准确；

（3）系统根据陀螺仪反馈的实时数据，控制智能鼠实现循迹直行。

具体程序如下：

```
# main.py
import time
time.sleep(3)

from machine import Pin, UART
from data import Gyro
from motor import Motor

# 初始化电动机
motor = Motor()
motor.motorInit(m1=23, m2=25, m3=26, m4=27)
speed_left = 800
speed_right = 800
time.sleep(0.5)

# 初始化陀螺仪
gyro = Gyro()
gyro.init(2)
gyro.RTZ()
time.sleep(0.5)

motor.pwmLeft(0, speed_left)
motor.pwmRight(speed_right, 0)

# 循迹直行，校正系数100，可以根据实际情况调整
while True:
    yaw = gyro.read()
    if yaw >180:
        yaw = yaw-360
    correct_left = int(speed_left+100*yaw)
    correct_right=int(speed_right-100*yaw)
    if correct_left<300:
        correct_left = 300
    elif correct_left>1023:
        correct_left = 1023
    if correct_right<300:
        correct_right = 300
    elif correct_right>1023:
        correct_right = 1023
    motor.pwmLeft(0, correct_left)
    motor.pwmRight(correct_right, 0)
```

任务二　智能鼠精确转弯的控制方法

一、精确转弯原理

在竞赛迷宫场景中，智能鼠的行动轨迹除了直行，还涉及大量转弯动作，常见的有90°和180°转弯。能否快速且精准地完成转弯操作，直接影响智能鼠在竞赛中的成绩表现。智能鼠转弯角度精确控制流程图如图2-1-2所示。

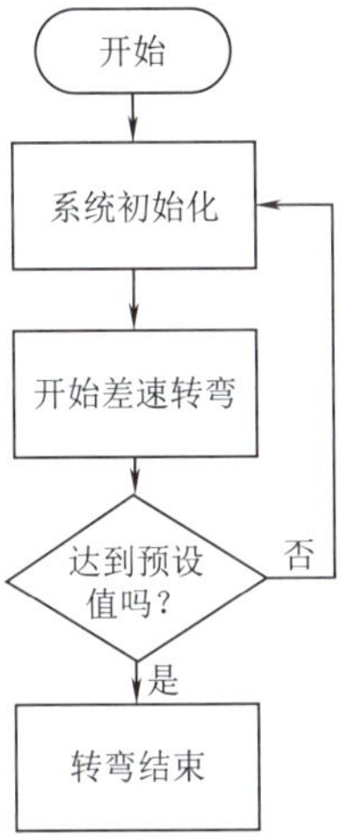

图2-1-2　智能鼠转弯角度精确控制流程图

TQD-Micromouse JS搭载的陀螺仪，能够以高频率实时检测车体旋转动态，精确判定旋转角度，为智能鼠动作控制提供精确的数据支持。系统能第一时间捕捉到车体旋转信息，保证智能鼠运行状态的精准调控，极大提升智能鼠在复杂环境下动作执行的稳定性和准确性，得益于陀螺仪的实时性与精确性。

二、陀螺仪控制转弯

开始调试前，先把智能鼠放置在迷宫里，接着打开电源启动程序。智能鼠启动后，会按以下步骤运行：

（1）完成电动机和陀螺仪的初始化工作，确保设备就绪。

（2）陀螺仪自动进行归零操作，以此校准数据，保证后续角度检测的准确性。

（3）智能鼠进入差速转弯状态，开始转弯动作。

（4）系统实时读取陀螺仪的读数，当读数达到预先设定的值时，控制电动机停止转动，结束转弯动作。

具体程序如下：

```
# main.py
import time
time.sleep(3)

from machine import Pin, UART
from data import Gyro
from motor import Motor

# 初始化电动机
motor = Motor()
motor.motorInit(m1=23, m2=25, m3=26, m4=27)
speed_left = 800
speed_right = 800
time.sleep(0.5)

# 初始化陀螺仪
gyro = Gyro()
gyro.init(2)
gyro.RTZ()
time.sleep(0.5)

# 直行 3 s，然后再开始转弯
motor.pwmLeft(0, speed_left)
motor.pwmRight(speed_right, 0)
time.sleep(3)
turn_modify = 40   # 角度修正，根据转弯速度的快慢来调节

# 自定义转弯方向
model = 0          # 0:turn left,  1:turn right
if model == 0:
    motor.turnLeft(500, 500)
else:
    motor.turnRight(500, 500)

# 转弯角度控制
a = time.time()
while True:
    yaw = gyro.read()
    # print(yaw)
    if ((90+turn_modify)>yaw>(90-turn_modify)) and (model==0):
        break
    if ((270+turn_modify)>yaw>(270-turn_modify)) and 
(model==1):
        break
    if (time.time()-a)>10:  # 超时
```

```
        print( 'time out' )
        break

motor.pwmLeft(0, 0)
motor.pwmRight(0, 0)
```

思考与总结

（1）TQD-Micromouse JS智能鼠如何实现转弯操作？其转弯的具体控制逻辑和执行方式是怎样的？

（2）智能鼠逆时针转180°和顺时针转180°过程中，在控制算法、电动机输出以及实际运行效果上，存在哪些区别？

（3）在转弯控制环节，采用延时控制虽能实现转弯，但因转弯方向丰富多样，且不同位置轮胎与地面摩擦力有别，导致转弯精度欠佳。相比之下，姿态传感器成为主流检测方式，它通过加速度计、陀螺仪和磁力计协同工作，实时捕捉智能鼠的加速度、角速度及磁场方向数据，再运用数据融合算法，精准计算不同时刻的姿态变化。基于此，姿态传感器能为转弯控制提供实时且精确的反馈，助力系统对转弯动作进行精细化调控，大幅提升转弯控制精度，有效满足智能鼠复杂运动场景下的精准转向需求。

项目二 智能鼠实战任务

学习目标

（1）了解智能鼠无线通信功能，理解通信协议与数据传输机制。

（2）熟练掌握红外传感器、电动机驱动、陀螺仪检测等硬件技术的应用，实现硬件与软件的协同工作。

（3）掌握智能鼠转弯函数的使用及控制方法，优化转弯算法，提升转弯精度。

（4）学会将多种转弯动作进行组合，设计灵活多变的运动策略。

在智能鼠竞赛中，为全面考察参赛选手的综合能力，除竞速环节外，还设有现场编程项目。参赛选手需依据裁判现场给出的任务要求，在规定时间内完成程序编写，实现指定功能，这对选手的编程能力、应变能力以及对智能鼠系统的理解，都提出了较高要求。

任务一 非接触式启动和停止控制

一、任务说明

本任务旨在考查学生对红外检测、电动机驱动以及陀螺仪检测知识的掌握与运用能力。要求学生通过编程，以非接触方（仅允许操作电源开关，严禁使用其他按键）启动智能鼠。在智能鼠运行过程中，全程不得触碰迷宫的任意墙壁。当智能鼠按照既定路径运行一段距离后，同样需借助非接触方式使其停止运行。智能鼠可停靠的位置为图2-2-1所示的两个停车点。

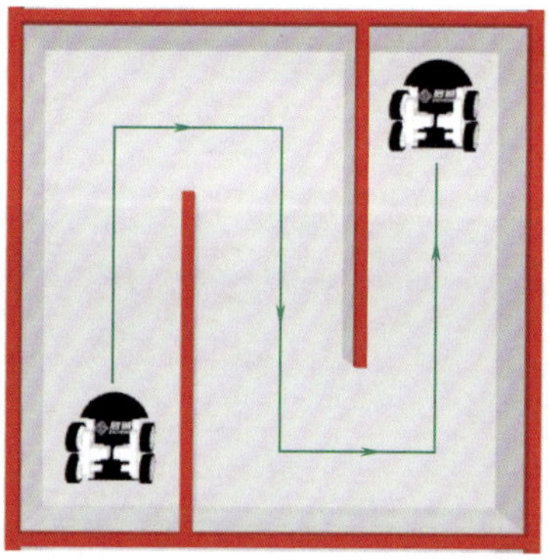

图2-2-1 非接触式启动和停止智能鼠

二、任务目的

深入学习无线通信技术的应用，通过非接触操控，精准实现智能鼠的启动与停止。

视 频

非接触式启动和停止控制

三、任务内容

通过编程并实现，当智能鼠接收到无线命令“0x01”时，立即启动运行；在运行过程中，若检测到自身三面均有墙壁，则自动停车。

四、应用原理

TQD-Micromouse JS内置了2.4 GHz无线通信模块，能够实现数据的实时交互。可以利用这一特性，将接收到的特定无线信号作为智能鼠启动的触发条件。比如，当接收到代表启动指令的信号时，智能鼠即刻启动。

此外，智能鼠还能借助传感器检测周围环境。当检测到自身三面都被墙壁环绕时，系统会将此情况作为停车判断条件，控制智能鼠停止运行。

五、任务流程

非接触式启动和停止智能鼠操作流程图，如图2-2-2所示。

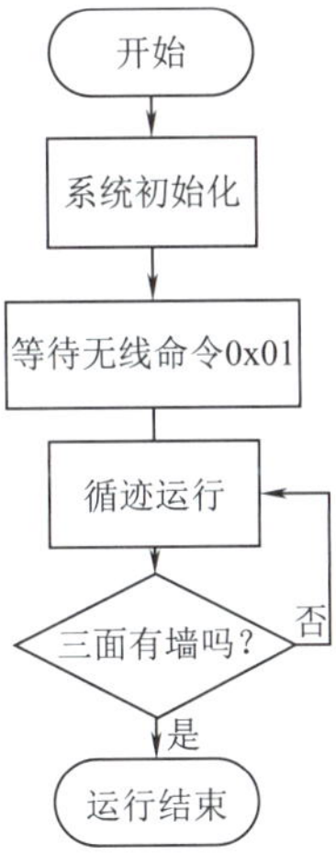

图2-2-2　非接触式启动和停止智能鼠操作流程图

六、具体步骤

1. 环境搭建

打开Thonny编程软件，使用配套数据线，将智能鼠与计算机进行连接，为程序下载做好准备。

2. 程序部署

在Thonny中完成程序编写后，执行下载操作，将程序写入智能鼠的存储模块。

3. 设备部署

程序下载完成后，断开智能鼠与计算机的连接。将智能鼠放置于迷宫起点位置，打开智能鼠电源，启动运行程序。

4. 无线操控

将无线接收器接入计算机，打开“无线模块配置工具”，如图2-2-3所示，发送指令代码0x01，智能鼠接收到指令后随即启动。在智能鼠运行过程中，当它检测到三面被墙壁包围时，便会自动停车。

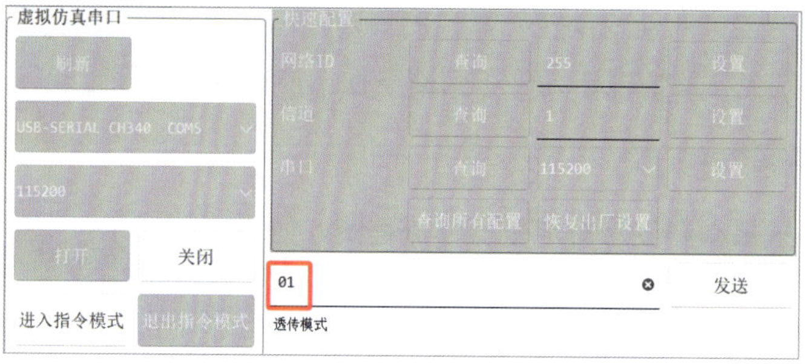

图2-2-3 无线模块配置工具软件截图

七、应用程序

```
# main.py
import machine
import time
from data import Infrared, Gyro
from motor import Motor

# 等待无线指令
uart = machine.UART(1, baudrate=115200, tx=19, rx=21)
print('等待启动命令')
while True:
    if uart.any():
        tmp = uart.read()
        cmd = int.from_bytes(tmp, 'big')
        if cmd == 0x01:
            break
print('启动')
```

```
#初始化电动机
motor = Motor()
motor.motorInit(m1=23, m2=25, m3=26, m4=27)
speed_left = 800
speed_right = 800
time.sleep(0.5)

#初始化陀螺仪
gyro = Gyro()
gyro.init(2)
gyro.RTZ()
time.sleep(0.5)

#初始化红外传感器
ir = Infrared()
ir.init(trigger=13, ad0=36, ad1=35, ad4=34)
ir.timerInit()
ir.readModel(True)
ir.timerStart()
time.sleep(0.5)

#自动计算红外传感器的阈值，循环检测20次，取平均值
count_a0 = []
count_a1 = []
for i in range(20):
    a0, a1, a4 = ir.getIr()
    count_a0.append(a0)
    count_a1.append(a1)
    time.sleep(0.1)
a0_mean = sum(count_a0)/20
a1_mean = sum(count_a1)/20

motor.pwmLeft(0, speed_left)
motor.pwmRight(speed_right, 0)
turn_modify = 30
model = 1
# 循迹直行，遇到路口自动转弯
while True:
    a0, a1, a4 = ir.getIr()
    # 三面有墙，智能鼠停车
    if a0 > 500 and a1 > 500 and a4 > 500:
        motor.pwmLeft(0, 0)
        motor.pwmRight(0, 0)
        break
    # 两侧有墙，陀螺仪控制直行
    elif a0 > 500 and a1 > 500:
```

```
            yaw = gyro.read()
            if yaw >180:
                yaw = yaw-360
            correct_left = int(speed_left+100*yaw)
            correct_right=int(speed_right-100*yaw)
            if correct_left<300:
                correct_left = 300
            elif correct_left>1023:
                correct_left = 1023
            if correct_right<300:
                correct_right = 300
            elif correct_right>1023:
                correct_right = 1023
            motor.pwmLeft(0, correct_left)
            motor.pwmRight(correct_right, 0)
        # 路口
        elif a0 < 500 or a1 < 500:
            motor.pwmLeft(0, 500)
            motor.pwmRight(500, 0)
            while 1:
                a0, a1, a4 = ir.getIr()
                if a4>1000:
                    break
            motor.pwmLeft(0, 0)
            motor.pwmRight(0, 0)
            time.sleep_ms(100)
            # 左侧有口，左转
            if a0 < 500 and a1 > 500:
                model = 0
                motor.turnLeft(500, 500)
            # 右侧有口，右转
            elif a0 > 500 and a1 < 500:
                model = 1
                motor.turnRight(500, 500)
            while True:
                yaw = gyro.read()
                # print(yaw)
                if ((90+turn_modify)>yaw>(90-turn_modify)) and
(model==0):
                    break
                if ((270+turn_modify)>yaw>(270-turn_modify)) and
(model==1):
                    break
            motor.pwmLeft(0, 0)
            motor.pwmRight(0, 0)
            time.sleep_ms(100)
            gyro.RTZ()
```

注意：在控制智能鼠转弯时，请依据实际运行状况，合理添加停止指令与延时设置。若缺乏相应的控制策略，智能鼠在转弯过程中，很可能因电动机转速突变、惯性等因素，出现姿态晃动的情况，进而影响其运行的稳定性与准确性。

任务二　“8”字形路径运行控制

一、任务说明

本任务考查学生对智能鼠多种转弯组合应用的掌握程度。

通过编程，操控智能鼠实现如图2-2-4所示的“8”字形轨迹运行。在整个运行过程中，智能鼠不得触碰任何墙壁，且在完成轨迹运行后，需精准回到出发位置。这不仅要求学生熟练驾驭智能鼠的转弯指令，更考验对其运行路径的规划与调控能力。

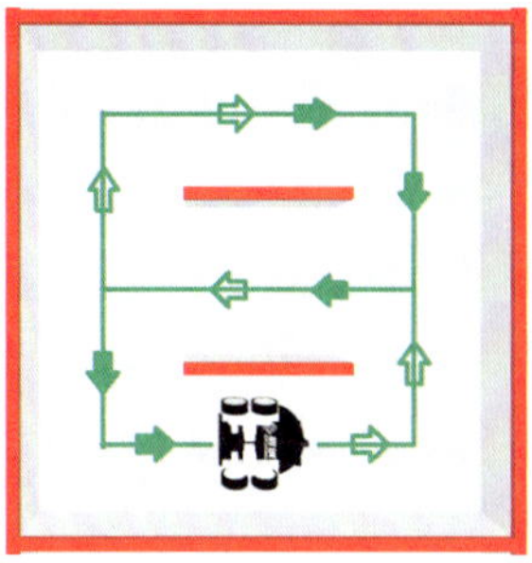

图2-2-4　智能鼠运行轨迹

二、任务目的

通过学习，实现对多种转弯控制方法的灵活运用，使智能鼠完成复杂运动轨迹。

三、任务内容

编写程序，控制智能鼠依照“8”字形的轨迹运行。在编程过程中，要充分考虑智能鼠的运动特性、转向角度、速度控制等因素，确保其能够平滑、准确地完成“8”字形轨迹的运行。

四、应用原理

通过前面知识的系统学习，已经了解了智能鼠在运行过程中能够基于自身内置算法实现转弯操作。当深入分析图2-2-4时可以发现，智能鼠在面对多个路口的复杂场景时，转弯方向存在向左和向右两种情况。鉴于此，为了精准控制智能鼠的转弯动作，需要根据转弯的具体次数，灵活调用与之对应的不同转弯函数。

五、任务流程

本任务的核心思路可简化为对转弯函数的调用。要了解该思路具体的执行流程与逻辑关系，可参考如图2-2-5所示的流程图。

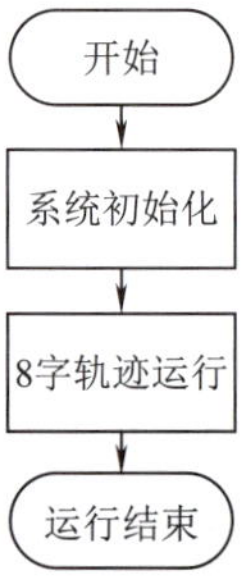

图2-2-5　8字轨迹流程图

六、具体步骤

1. 环境搭建

打开Thonny编程软件，使用适配数据线，将智能鼠与计算机建立连接，为后续程序下载做准备。

2. 程序部署

在Thonny中对目标程序进行编译，无误后执行下载指令，将程序写入智能鼠的主控芯片。

3. 设备部署

程序下载完成，安全断开智能鼠与计算机的连接。把智能鼠平稳放置于迷宫起点，打开智能鼠电源开关，启动程序运行。

七、应用程序

本程序在运行过程中，主要会调用左转、右转以及单元格运行这三个关键函数。为降低开发难度，提升编程效率，TQD-Micromouse JS开发资料包中，提供了micromouse.py文件。该文件对大量智能鼠开发常用函数进行了封装，本任务所需的左转、右转和单元格运行这三个函数，均包含在内。借助这一文件，开发者能够快速调用相关函数，简化编程流程，缩短开发周期。具体代码如下：

```
# main.py
import time
```

```
time.sleep(3)

from micromouse import Micromouse

def main():
    micromouse = Micromouse()
    micromouse.irInit()
    micromouse.gyroInit()
    micromouse.ir.readModel(True)
    micromouse.ir.timerStart()
    micromouse.gyro.led(flash=True)   # 两个灯都闪烁两次

    # 等待 水平右红外，触发运行
    while 1:
        a0, a1, a4 = micromouse.ir.getIr()
        if a1>=1000: # 遮挡 水平右红外，触发运行
            micromouse.gyro.led(left=0, right=1)   # 右侧灯亮
            time.sleep_ms(300)
            micromouse.gyro.led(left=0, right=0)   # 右侧灯灭
            break
        time.sleep_ms(100)

    micromouse.encoderInit()
    micromouse.motorInit()
    micromouse.setSpeed(900, 900)
    micromouse.setTurnSpeed(500, 500)
    micromouse.prepare()
    time.sleep(1)

                                   # ***
    micromouse.moveCell()          # ***
    micromouse.turnLeft()          # **@

                                   # ***
    micromouse.moveCell()          # **@
    micromouse.turnLeft()          # ***

    micromouse.moveCell()          # ***
    micromouse.moveCell()          # @**
    micromouse.turnRight()         # ***

                                   # @**
    micromouse.moveCell()          # ***
    micromouse.turnRight()         # ***

    micromouse.moveCell()          # **@
    micromouse.moveCell()          # ***
```

```
    micromouse.turnRight()    # ***

                              # ***
    micromouse.moveCell()     # **@
    micromouse.turnRight()    # ***

    micromouse.moveCell()     # ***
    micromouse.moveCell()     # @**
    micromouse.turnLeft()     # ***

                              # ***
    micromouse.moveCell()     # ***
    micromouse.turnLeft()     # @**

    micromouse.moveCell()     # 回到起点
    micromouse.stop()
if __name__ == '__main__':
    main()
```

思考与总结

（1）当前已了解部分非接触式启动和停止智能鼠的方法，那么除此之外，还存在哪些类型的非接触式操控方法？这些方法在原理、应用场景和实施难度上又各有哪些特点？

（2）智能鼠通过两轮差速机制实现转弯，其核心原理在于两轮速度差值与转弯速度呈线性关联，差值越大，转向角速度越高；差值越小，转向动作越缓。在实际应用场景中，为实现精准转向控制，需分析速度差与转弯参数关系，结合传感器实时监测，通过算法优化控制，实现精准灵活转弯。

第三篇　拓展竞技篇

在前两篇内容里，已对智能鼠的硬件与软件构成，以及基础编程的调试方法展开了详细介绍。针对IEEE国际标准Micromouse走迷宫竞赛的特定要求，本篇将着重围绕智能鼠的优化算法、虚拟仿真、数字孪生等关键技术展开深入阐述。全面、深入地掌握智能鼠走迷宫竞赛的各项规范，能够助力智能鼠在迷宫环境中以最高效的方式完成搜索任务，并精准实现最优路径的选择。

TQD_MICROMOUSE_JQ/JD/JM

项目一
智能鼠的路径规划和行为决策算法

学习目标

（1）掌握智能鼠的路径规划与决策算法。

（2）了解智能鼠路径规划的原理。

“智能鼠”怎样才能在迷宫中高效运行呢？按照IEEE国际标准Micromouse走迷宫竞赛规则，智能鼠的核心任务是完成迷宫搜索并选出最优路径。这项竞赛旨在考查一个系统针对未知环境的探测、分析以及决策能力。下面就对这方面的知识进行简要介绍。

任务一　迷宫搜索的常用策略

迷宫搜索方法：在对迷宫路径毫无预知的情况下，智能鼠需要对迷宫中的所有单元格展开搜索，直至抵达终点。在此过程中，智能鼠必须时刻明确自身位置与姿势，同时记录下所有访问过的迷宫格四周是否存在隔墙。为节省搜索时间，还需尽可能规避重复搜索。

那么，智能鼠该如何搜索迷宫呢？一般存在两种策略：

1. 尽快到达终点

采用此策略，智能鼠能缩短搜索迷宫所需的时间。然而，该策略不一定能获取整个迷宫地图的信息。若找到的并非迷宫的最优路径，将会对智能鼠最终冲刺的时间产生不利影响。

2. 搜索整个迷宫

采用此策略，智能鼠可以完整地获取整个迷宫地图的资料，进而求出最优路径。但弊端在于，这种策略所耗费的搜索时间相对较长。

这两种策略各有优劣，在实际应用中，需要根据具体情况合理选择，以平衡搜索效率与路径优化的需求。

视 频

右手搜索法则

任务二 迷宫搜索的基本法则

常见的迷宫搜索法则主要有三种，分别为右手法则、左手法则和中心法则，如图3-1-1所示。

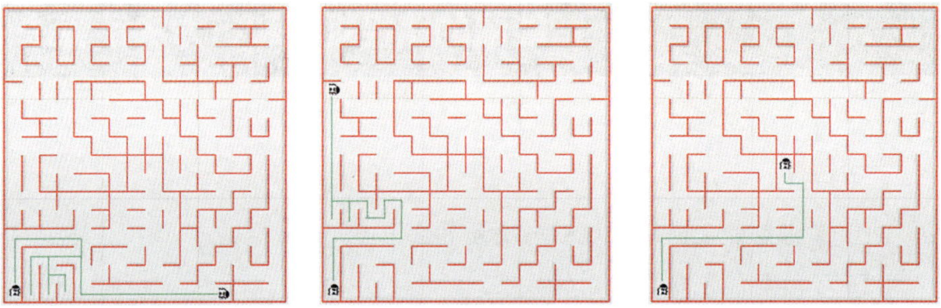

（a）右手法则　　（b）左手法则　　（c）中心法则

图3-1-1 右手法则、左手法则、中心法则

（1）右手法则：当智能鼠的前进方向有多个可供选择时，优先向右转，其次直行，最后左转。

（2）左手法则：当智能鼠的前进方向有多个可供选择时，优先向左转，其次直行，最后右转。

（3）中心法则：当智能鼠的前进方向有多个可供选择时，优先朝向终点的方向转动。

此外，还有类似的另外两种法则，分别是中右法则和中左法则。

（1）中右法则：当智能鼠的前进方向有多个可供选择时，优先直行，其次右转，最后左转。

（2）中左法则：当智能鼠的前进方向有多个可供选择时，优先直行，其次左转，最后右转。

核心函数1：右手法则

```
def rightMethod(self):
    if self.rightpath == 1:          # 右侧有路
        if self.dir == 0:
            flag = self.mapblock[self.mouse_x+1][self.mouse_y]>>4
        elif self.dir == 1:
            flag = self.mapblock[self.mouse_x][self.mouse_y-1]>>4
        elif self.dir == 2:
            flag = self.mapblock[self.mouse_x-1][self.mouse_y]>>4
        elif self.dir == 3:
            flag = self.mapblock[self.mouse_x][self.mouse_y+1]>>4
        if flag == 0:
```

```
                self.turnRight()
                return
        if self.frontpath == 1:                # 前方有路
            if self.dir == 0:
                flag = self.mapblock[self.mouse_x][self.mouse_y+1]>>4
            elif self.dir == 1:
                flag = self.mapblock[self.mouse_x+1][self.mouse_y]>>4
            elif self.dir == 2:
                flag = self.mapblock[self.mouse_x][self.mouse_y-1]>>4
            elif self.dir == 3:
                flag = self.mapblock[self.mouse_x-1][self.mouse_y]>>4
            if flag == 0:
                return
        if self.leftpath == 1:                 # 左侧有路
            if self.dir == 0:
                flag = self.mapblock[self.mouse_x-1][self.mouse_y]>>4
            elif self.dir == 1:
                flag = self.mapblock[self.mouse_x][self.mouse_y+1]>>4
            elif self.dir == 2:
                flag = self.mapblock[self.mouse_x+1][self.mouse_y]>>4
            elif self.dir == 3:
                flag = self.mapblock[self.mouse_x][self.mouse_y-1]>>4
            if flag == 0:
                self.turnLeft()
                return
```

核心函数2：左手法则

```
    def leftMethod(self):
        if self.leftpath == 1:                 # 左侧有路
            if self.dir == 0:
                flag = self.mapblock[self.mouse_x-1][self.mouse_y]>>4
            elif self.dir == 1:
                flag = self.mapblock[self.mouse_x][self.mouse_y+1]>>4
            elif self.dir == 2:
                flag = self.mapblock[self.mouse_x+1][self.mouse_y]>>4
            elif self.dir == 3:
                flag = self.mapblock[self.mouse_x][self.mouse_y-1]>>4
            if flag == 0:
                self.turnLeft()
                return
        if self.frontpath == 1:                # 前方有路
            if self.dir == 0:
                flag = self.mapblock[self.mouse_x][self.mouse_y+1]>>4
            elif self.dir == 1:
                flag = self.mapblock[self.mouse_x+1][self.mouse_y]>>4
            elif self.dir == 2:
                flag = self.mapblock[self.mouse_x][self.mouse_y-1]>>4
```

视频

左手搜索法则

```
            elif self.dir == 3:
                flag = self.mapblock[self.mouse_x-1][self.mouse_y]>>4
            if flag == 0:
                return
        if self.rightpath == 1:             # 右侧有路
            if self.dir == 0:
                flag = self.mapblock[self.mouse_x+1][self.mouse_y]>>4
            elif self.dir == 1:
                flag = self.mapblock[self.mouse_x][self.mouse_y-1]>>4
            elif self.dir == 2:
                flag = self.mapblock[self.mouse_x-1][self.mouse_y]>>4
            elif self.dir == 3:
                flag = self.mapblock[self.mouse_x][self.mouse_y+1]>>4
            if flag == 0:
                self.turnRight()
                return
```

核心函数3：中右法则

```
    def frontrightMethod(self):
        if self.frontpath == 1:             # 前方有路
            if self.dir == 0:
                flag = self.mapblock[self.mouse_x][self.mouse_y+1]>>4
            elif self.dir == 1:
                flag = self.mapblock[self.mouse_x+1][self.mouse_y]>>4
            elif self.dir == 2:
                flag = self.mapblock[self.mouse_x][self.mouse_y-1]>>4
            elif self.dir == 3:
                flag = self.mapblock[self.mouse_x-1][self.mouse_y]>>4
            if flag == 0:
                return
        if self.rightpath == 1:             # 右侧有路
            if self.dir == 0:
                flag = self.mapblock[self.mouse_x+1][self.mouse_y]>>4
            elif self.dir == 1:
                flag = self.mapblock[self.mouse_x][self.mouse_y-1]>>4
            elif self.dir == 2:
                flag = self.mapblock[self.mouse_x-1][self.mouse_y]>>4
            elif self.dir == 3:
                flag = self.mapblock[self.mouse_x][self.mouse_y+1]>>4
            if flag == 0:
                self.turnRight()
                return
        if self.leftpath == 1:              # 左侧有路
            if self.dir == 0:
                flag = self.mapblock[self.mouse_x-1][self.mouse_y]>>4
            elif self.dir == 1:
```

```
            flag = self.mapblock[self.mouse_x][self.mouse_y+1]>>4
        elif self.dir == 2:
            flag = self.mapblock[self.mouse_x+1][self.mouse_y]>>4
        elif self.dir == 3:
            flag = self.mapblock[self.mouse_x][self.mouse_y-1]>>4
        if flag == 0:
            self.turnLeft()
            return
```

核心函数4：中左法则

```
def frontleftMethod(self):
    if self.frontpath == 1:              # 前方有路
        if self.dir == 0:
            flag = self.mapblock[self.mouse_x][self.mouse_y+1]>>4
        elif self.dir == 1:
            flag = self.mapblock[self.mouse_x+1][self.mouse_y]>>4
        elif self.dir == 2:
            flag = self.mapblock[self.mouse_x][self.mouse_y-1]>>4
        elif self.dir == 3:
            flag = self.mapblock[self.mouse_x-1][self.mouse_y]>>4
        if flag == 0:
            return
    if self.leftpath == 1:               # 左侧有路
        if self.dir == 0:
            flag = self.mapblock[self.mouse_x-1][self.mouse_y]>>4
        elif self.dir == 1:
            flag = self.mapblock[self.mouse_x][self.mouse_y+1]>>4
        elif self.dir == 2:
            flag = self.mapblock[self.mouse_x+1][self.mouse_y]>>4
        elif self.dir == 3:
            flag = self.mapblock[self.mouse_x][self.mouse_y-1]>>4
        if flag == 0:
            self.turnLeft()
            return
    if self.rightpath == 1:              # 右侧有路
        if self.dir == 0:
            flag = self.mapblock[self.mouse_x+1][self.mouse_y]>>4
        elif self.dir == 1:
            flag = self.mapblock[self.mouse_x][self.mouse_y-1]>>4
        elif self.dir == 2:
            flag = self.mapblock[self.mouse_x-1][self.mouse_y]>>4
        elif self.dir == 3:
            flag = self.mapblock[self.mouse_x][self.mouse_y+1]>>4
        if flag == 0:
            self.turnRight()
            return
```

视频

中心搜索法则

核心函数5：中心法则

```
def centralMethod(self):
    if self.mouse_x == self.dest_x:  # 在终点十字线  垂直线上
        if self.mouse_y < self.dest_y:       # 在终点下方
            if self.dir == 0:
                self.frontrightMethod()
            elif self.dir == 1:
                self.leftMethod()
            elif self.dir == 2:
                self.rightMethod()
            elif self.dir == 3:
                self.rightMethod()
        else:                                # 在终点上方
            if self.dir == 0:
                self.rightMethod()
            elif self.dir == 1:
                self.rightMethod()
            elif self.dir == 2:
                self.frontrightMethod()
            elif self.dir == 3:
                self.leftMethod()
        return
    if self.mouse_y == self.dest_y:  # 在终点十字线  水平线上
        if self.mouse_x < self.dest_x:       # 在终点左侧
            if self.dir == 0:
                self.rightMethod()
            elif self.dir == 1:
                self.frontrightMethod()
            elif self.dir == 2:
                self.leftMethod()
            elif self.dir == 3:
                self.rightMethod()
        else:                                # 在终点右侧
            if self.dir == 0:
                self.leftMethod()
            elif self.dir == 1:
                self.rightMethod()
            elif self.dir == 2:
                self.rightMethod()
            elif self.dir == 3:
                self.frontrightMethod()
        return

    if self.mouse_x < self.dest_x:
        if self.mouse_y < self.dest_y:   # 智能鼠位于左下区域
            if self.dir == 0:
```

```
                self.frontrightMethod()
            elif self.dir == 1:
                self.frontleftMethod()
            elif self.dir == 2:
                self.leftMethod()
            elif self.dir == 3:
                self.rightMethod()
        else:                                # 智能鼠位于左上区域
            if self.dir == 0:
                self.rightMethod()
            elif self.dir == 1:
                self.frontrightMethod()
            elif self.dir == 2:
                self.frontleftMethod()
            elif self.dir == 3:
                self.leftMethod()
    else:
        if self.mouse_y < self.dest_y:       # 智能鼠位于右下区域
            if self.dir == 0:
                self.frontleftMethod()
            elif self.dir == 1:
                self.leftMethod()
            elif self.dir == 2:
                self.rightMethod()
            elif self.dir == 3:
                self.frontrightMethod()
        else:                                # 智能鼠位于右上区域
            if self.dir == 0:
                self.leftMethod()
            elif self.dir == 1:
                self.rightMethod()
            elif self.dir == 2:
                self.frontrightMethod()
            elif self.dir == 3:
                self.frontleftMethod()
```

思考与总结

（1）左手法则、右手法则和中心法则各自的优势与局限分别是什么？

（2）智能鼠所采用的搜索法则，通常由左手法则和右手法则组合构建而成。依据特定规则，迷宫会被划分成多个部分。鉴于智能鼠在迷宫中所处位置以及朝向的差异，其选用的转弯策略也会有所不同。

项目二 智能鼠路径规划的原理

学习目标

（1）掌握迷宫信息的存储与读取方法。

（2）理解等高图的构建原理。

迷宫是由18 cm × 18 cm大小的方格组成的，称为迷宫格或单元格。该迷宫在行列方向上各包含16个单元格，总计256个单元格。智能鼠若要规划路径，首先需记录所走过单元格的墙壁信息。随后，依据特定方法对单元格数据进行排列组合，从而找出从起点至终点的最短路径。

任务一　迷宫信息的存储方法

一、迷宫坐标与方向

为使智能鼠能够准确记住所走过的各个单元格信息，需对这256个单元格进行编号。采用坐标的方式无疑十分便捷。

在此，以智能鼠被放置于起点时的方向作为参照标准。当智能鼠处于起点时，将其正前方设定为y轴正方向，正后方设定为y轴负方向，左侧设定为x轴负方向，右侧设定为x轴正方向。同时，将起点坐标定义为（0，0），如图3-2-1所示。

按照上述设定，当智能鼠沿着y轴正方向移动时，y坐标相应加1；

沿着y轴负方向移动时，y坐标减1；

沿着x轴正方向移动时，x坐标加1；

沿着x轴负方向移动时，x坐标减1。

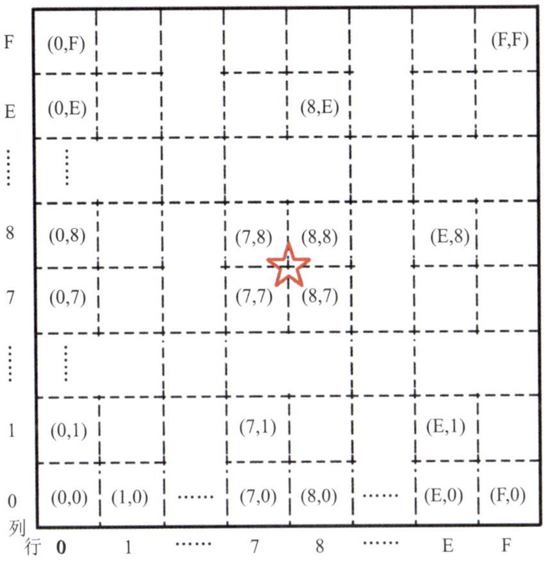

图3-2-1 迷宫坐标与方向

二、绝对方向与相对方向

在确定迷宫的坐标系与方向之后，就可以进行迷宫地图资料的存储工作。为便于阐述，将迷宫方向中的y轴正方向、y轴负方向、x轴负方向以及x轴正方向，分别简称为迷宫的上、下、左、右方向，此即为迷宫的绝对方向，如图3-2-2所示。

智能鼠在迷宫中行进时，需要实时存储地图资料。它所检测到的墙壁资料是基于自身当前方向的墙壁信息。将智能鼠四周分别称为前、后、左、右，此为智能鼠的相对方向，其检测到的墙壁信息则被称为相对墙壁信息，如图3-2-3所示。

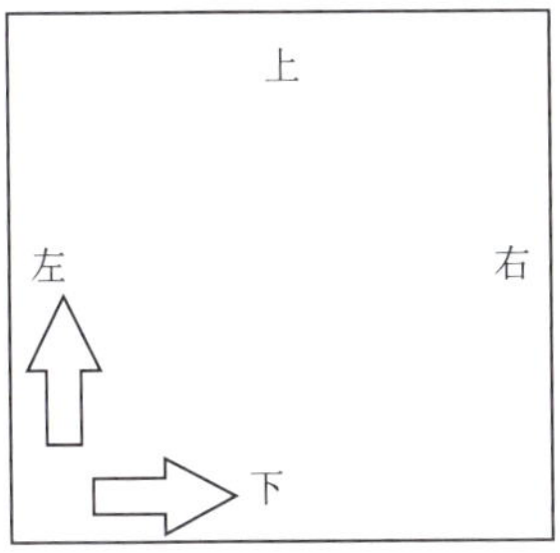

图3-2-2 迷宫绝对方向

图3-2-3 智能鼠相对方向

三、墙壁资料存储

当智能鼠抵达某一单元格时，需依据传感器的检测结果记录下当前单元格的墙壁资料。为实现高效管理并节省存储空间，采用字节来存储墙壁资料。每个字节的低四位依次用于存储一个单元格四周的墙壁资料，见表3-2-1。由于迷宫由16×16个方格构成，因此可定义一个16×16的二维数组，用于保存整个迷宫的墙壁资料。

初始状态下，迷宫的墙壁资料均设为0，即默认所有位置都是墙。字节的高四位作为保留位，可用于自定义用途，比如记录该单元格是否已被搜索过。

表3-2-1　墙壁资料存储方式

变量位	绝对方向	相对方向
bit0	上方	1：有路；0：无路
bit1	右方	1：有路；0：无路
bit2	下方	1：有路；0：无路
bit3	左方	1：有路；0：无路
bit7～bit4		保留位

当智能鼠车头方向朝上时，其相对方向与迷宫的绝对方向完全一致，此时可直接将传感器检测到的数据进行存储。而当智能鼠车头方向并非朝上，即其相对方向与迷宫绝对方向不重合时，就必须先对方向进行转换操作，之后才能进行数据存储。

为实现智能鼠相对方向资料与迷宫绝对方向资料之间的转换，将智能鼠的车头方向以数字进行量化定义，取值范围设定为0～3，具体对应关系如图3-2-4所示。通过这种数字化的方向定义方式，能够更为便捷地建立起相对方向与绝对方向之间的转换逻辑，从而确保在各种车头朝向情况下，都能准确地完成数据的转换与存储工作。

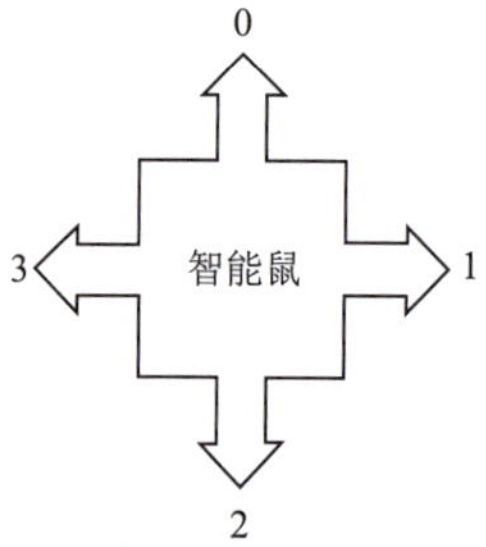

图3-2-4　方向定义

假设智能鼠所检测到的相对方向资料中，左、后、右、前四个方向的信息分别用left、back、right、front来表示。若要将这些相对方向资料转换并保存为迷宫绝对方向资料（即左、下、右、上四个方向），其具体的转换方式见表3-2-2。

表3-2-2　智能鼠的相对方向与迷宫绝对方向转换

智能鼠相对方向	智能鼠相对方向资料	迷宫绝对方向资料
0	left、back、right、front	left、back、right、front
1		back、right、front、left
2		right、front、left、back
3		front、left、back、right

任务二　等高图的制作方法

假设智能鼠已经完成对整个迷宫的搜索，又或者只是搜索了涵盖起点和终点的部分迷宫区域，并且记录下了已走过的每一个单元格的墙壁资料。那么，它如何依据这些已有信息，找到一条从起点至终点的最优路径呢？接下来，将引入等高图的概念及其制作方法。

等高图是等高线地图的简称。以常见的普通地图为例，它通常会标识出处于同一高度的地区范围。

当把等高图的概念应用于迷宫地图时，便能够计算出每一个单元格与迷宫终点之间的距离值（此距离值也被称为等高值）。在已知的迷宫资料中，从迷宫起点出发，沿着等高值逐次减小1的方向行进，所形成的路线就是当前所能确定的最短路径。

等高图的制作步骤如下：

（1）以目标点作为起始，将其等高值标记为1。随后，针对所有能从目标点直接抵达的单元格，把它们的等高值设为2（即目标点等高值加1）。

（2）当行进至路口时，可随意选择其中一个方向继续前行。

（3）一旦遇到无法继续前进的情况，立即返回至上一个路口处。

（4）按照上述规则不断进行递推操作，直至迷宫中的所有单元格都完成等高值标记，最终形成的等高图如图3-2-5所示。

视 频

制作等高图

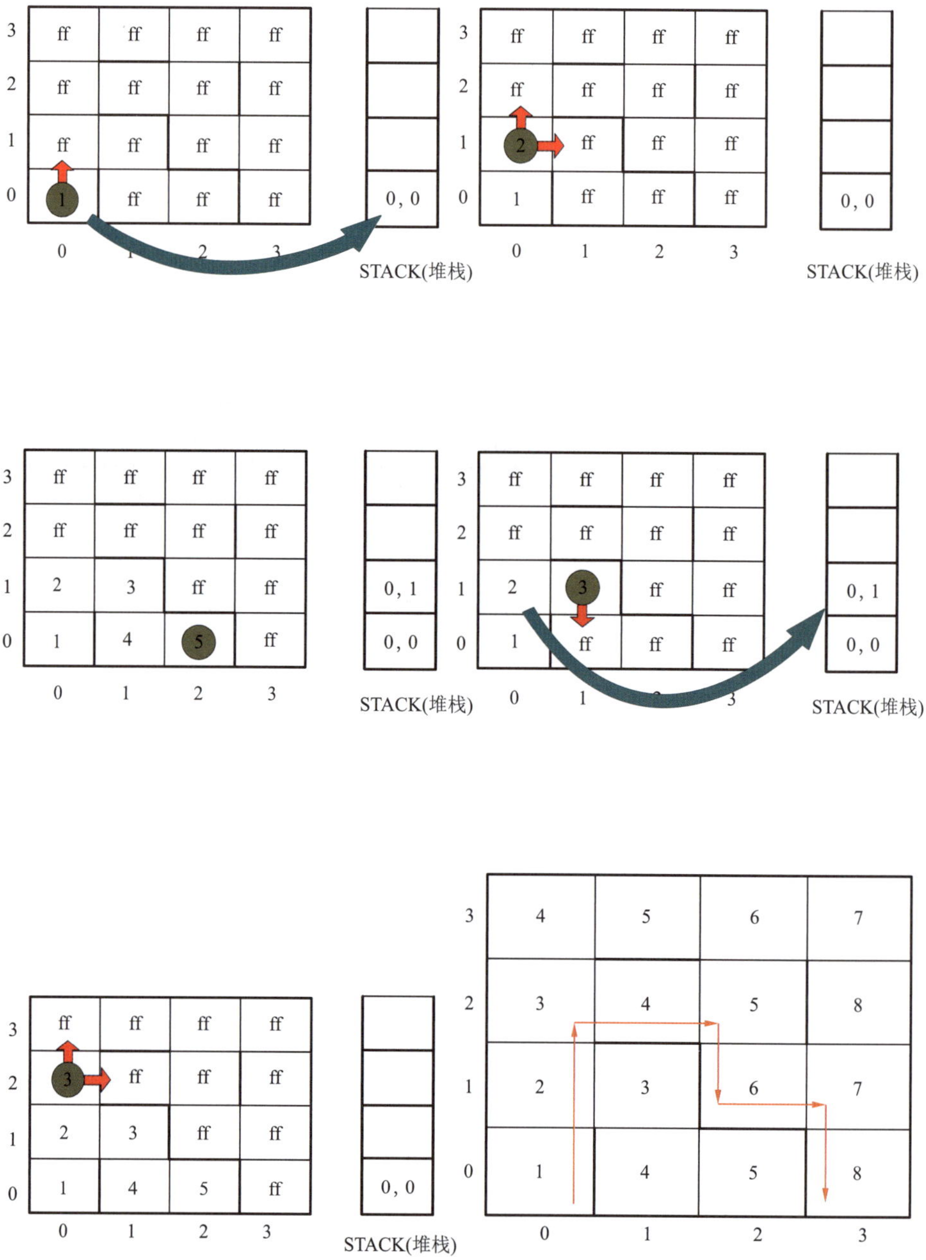

图3-2-5 等高图

经过上述等高图的构建过程，便能够获取迷宫中所有单元格到达目标点的最短路径。

思考与总结

（1）智能鼠如何记录各单元格内挡板的信息?

（2）智能鼠怎样规划出最优路径?

（3）智能鼠在转弯过程中需要执行减速与加速操作，因此有必要对转弯进行加权处理。设定直行优先于转弯，长直道优先于短直道。

项目三 智能鼠走迷宫程序设计

学习目标

（1）了解智能鼠的运行逻辑机制。

（2）掌握智能鼠在迷宫搜索各阶段所应完成的任务。

TQD-Micromouse JS智能鼠的灵活性与智能水平，既依托于硬件的架构及性能，也依赖于程序设计的完备性。智能程度越高，程序设计的复杂程度也随之攀升。在对智能鼠进行程序设计时，可将程序结构简易划分为两个层级，分别为底层驱动程序与顶层算法程序。

底层驱动程序主要用于实现智能鼠的基础功能，包括控制智能鼠沿直线前行特定数量（*N*个）的坐标格、精确测量其行进距离、执行向左或向右转90°动作、右转动作、具备防止碰撞挡板的功能以及检测迷宫单元格四周挡板的信息等。

顶层算法程序则聚焦于智能鼠所运用的各类算法，例如依据获取的迷宫信息来决策智能鼠的行动，记忆智能鼠在迷宫中已走过的位置，并探寻出抵达目的地的最优路径等。

任务一　运行姿态程序控制

一、智能鼠运行逻辑

智能鼠在迷宫中的行进，融合了红外检测、电动机驱动、姿态检测以及编码器测量等多种技术。其中，红外传感器的阈值设定、电动机的初始速度校准、陀螺仪的修正以及编码器标准值的确定，均需逐步精确测量。

智能鼠穿越迷宫应是一个高度自主的过程，除启动与停止操作外，全程应独立运行，而非通过无线控制实现。其主要工作内容涵盖以下方面：

（1）依据陀螺仪数据，判定智能鼠是否出现姿态倾斜，并及时校正车姿，以确保沿直线稳定行走。

（2）借助编码器计数以及运行方向信息，实时更新智能鼠在迷宫中的坐标位置。

（3）根据红外检测的反馈结果，判断智能鼠两侧是否为路口，进而确定是否需要执行转弯动作。

（4）若确定需要转弯，则依据陀螺仪数据，实现精准转弯操作。

视 频

智能鼠迷宫运行

1. 迷宫运行逻辑

迷宫运行逻辑如图3-3-1所示。

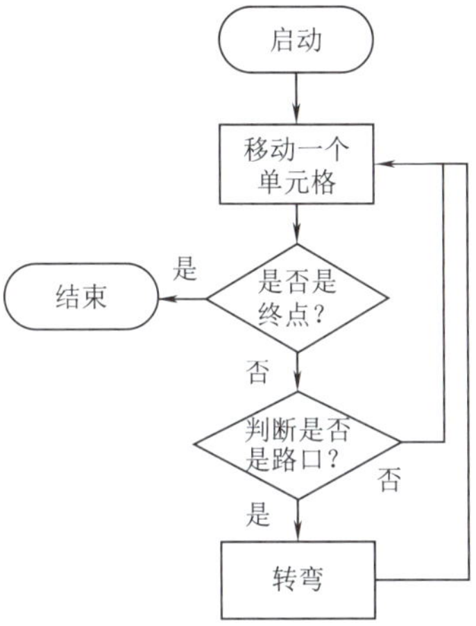

图3-3-1　迷宫运行逻辑

2. 直行和转弯逻辑

直行和转弯逻辑如图3-3-2所示。

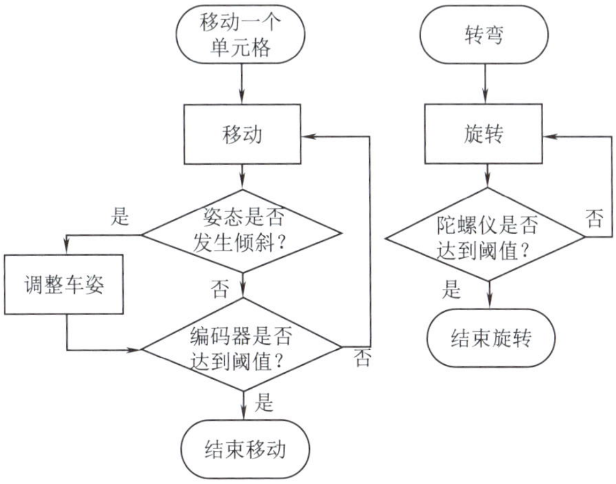

图3-3-2　直行和转弯逻辑

二、智能鼠接力逻辑

在多只智能鼠接力运行场景中，除了既定的运行逻辑，数据通信与处理同样关键。前一只智能鼠需借助无线通信，将自身记录的地图资料传输给下一只。而下一只智能鼠则要整合接收的地图资料、自身记录的地图数据，并结合自身的搜索算法综合判定运行策略。

以4只智能鼠的情况具体说明，如图3-3-3所示。

1号智能鼠位于（0，0），终点设定为（7，7）；

2号智能鼠位于（15，0），终点设定为（8，7）；

3号智能鼠处于（15，15），终点设定为（8，8）；

4号智能鼠位于（0，15），终点设定为（7，8）。

图3-3-3 智能鼠接力示意图

1号智能鼠自起点（0, 0）出发，凭借自主搜索能力驶向终点（7, 7），抵达后停车。随即，1号智能鼠通过无线通信，将运行期间搜索到的地图资料传输给2号智能鼠，并唤醒处于待命状态的2号智能鼠，令其开始运行。

2号智能鼠接收1号智能鼠发来的地图资料后，从初始位置（15, 0）启动，依据现有资料展开自主搜索，朝着终点（8, 7）行进，到达终点停车。而后，2号智能鼠以同样的无线通信方式，把自身搜索积累的地图资料传递给3号智能鼠，同时唤醒3号智能鼠投入运行。

3号智能鼠基于2号智能鼠分享的地图信息，从（15, 15）出发，自主探寻前往终点（8, 8）的路径，停车后将已搜索到的地图资料传输给4号智能鼠，唤醒4号智能鼠。

4号智能鼠借助3号智能鼠提供的地图资料，从（0, 15）开始自主搜索，驶向终点（7, 8）。到达后，4号智能鼠先折返至（0, 0），紧接着再次全力冲刺前往（7, 8）。

具体运行逻辑如图3-3-4所示。

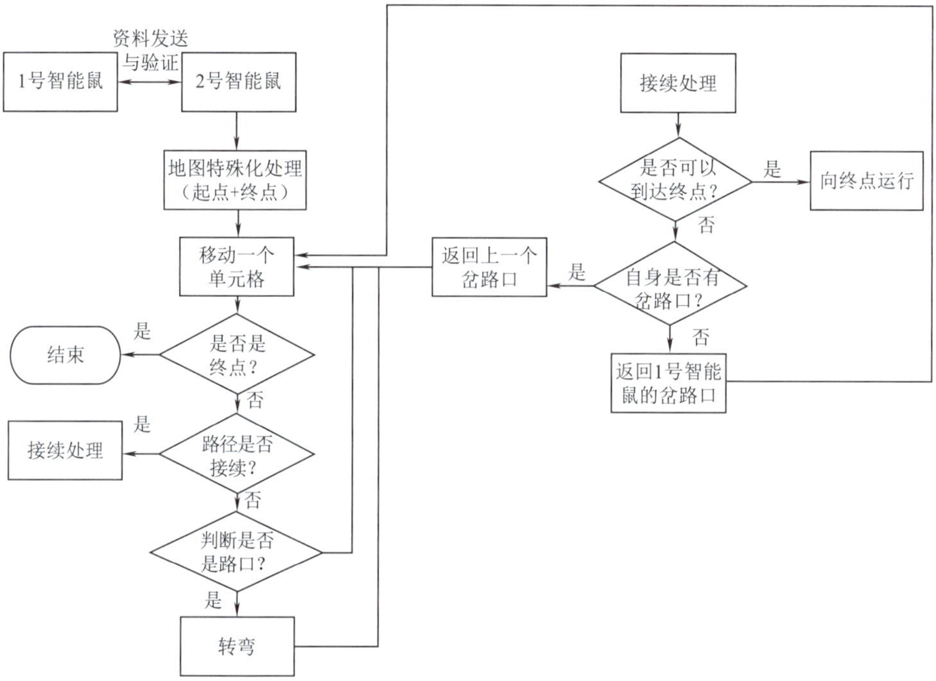

图3-3-4　接力运行逻辑

任务二　基本程序结构解析

一、智能鼠程序解析

TQD-Micromouse JS执行等高值走迷宫任务的程序，主要集成于micromouse模块。运行期间，该智能设备借助自身搭载的传感器，实时检测偏移量以及墙壁相关信息。同时，通过编码器进行精准计数，以此判定自身在迷宫中的具体位置。凭借上述数据的采集与分析，TQD-Micromouse JS最终实现了在迷宫环境中的自主运行。

1. 依赖项

micromouse模块运行时，会从其他相关模块中调用所需的依赖项：

```
import time
from motor import Motor
from data import PID, Infrared, Gyro, Encoder
from machine import Pin, I2C, UART
import os
import serial
import gc
```

这些依赖项为micromouse模块实现等高值走迷宫功能提供了关键支持，例如获取传感器数据、实现编码器计数等，确保其能在迷宫环境中准确检测偏移和墙壁信息、判断自身位置并顺利运行。

2. 移动程序

```
    def moveCell(self):
        if self.from_turn==1:
            self.from_turn=0
            self.gyro_pid.Init()
            self.gyro_adjust = 0
            self.gyro_offset_last = 0
            self.ir_adjust = 0
            self.ir_offset_last = 0

            self.forwardGyro()
            time.sleep_ms(50)
            self.encoder_done = 0
            self.encoder_per_block = 7000
            self.encoder.recordReset()
            self.encoder.timerStart()

        compensate_leave = 0
        wall_state = 0
        tmp1=0
        tmp2=0
        done_block = 0
        done_block_last = 0
        # 开始行走一个格，先判断两侧墙壁有无，用于脱离校准
        # 同样也可以解决，上一个转弯结束后，直行1个格，走出路口区域
        a0, a1, a4 = self.ir.getIr()          # 实时，左，右，前
        if a0>self.a0_flag and a1>self.a1_flag:  # 两侧都有墙
            wall_state = 1
        elif a0>self.a0_flag and a1<self.a1_flag:
                                              # 左侧有墙 右侧无墙
            wall_state = 2
        elif a0<self.a0_flag and a1>self.a1_flag:
                                              # 左侧无墙 右侧有墙
            wall_state = 3
```

```
        else:                                   # 两侧都无墙
            wall_state = 4

        # 脱离之前
        while 1:
            a0, a1, a4 = self.ir.getIr()

            if a4>self.a4_5cm:
                self.stop()
                            # 前方墙壁过近，立即结束本单元格运行，不制动
                break

            tmp1 = self.encoder.getTotal()    # 转够多少计数后结束
            if tmp1 >= (self.encoder_done + self.encoder_per_block):
                break

            done_block = tmp1-self.encoder_done
                                                # 当前单元格走了多少
            if 6500<done_block<self.encoder_done and a0>self.
a0_flag and a1>self.a1_flag:
    # 若没有发生脱离，考虑红外校正
                yaw = self.forwardGyroWithIR()
            else:
                yaw = self.forwardGyro()

            if done_block-done_block_last>1000:
                                        # 每行走超过1000，就上报一次
                serial.report(self.uart, self.mouse_x, self.
mouse_y, a0, a1, a4, yaw, 0, done_block, self.mouseid)
                done_block_last = done_block

            # 脱离判断，判断是否有脱离，进入路口区域，脱离上一格
            if wall_state==1:
                if a0<self.a0_flag or a1<self.a1_flag:
                    compensate_leave = 1
                    break
            elif wall_state==2:
                if a0<self.a0_flag:
                    compensate_leave = 1
                    break
            elif wall_state==3:
                if a1<self.a1_flag:
                    compensate_leave = 1
                    break
            else:
                pass
```

```
        # 脱离校准
        while compensate_leave==1:
            a0, a1, a4 = self.ir.getIr()

            if a4>self.a4_5cm:
                self.stop()
                      # 前方墙壁过近，立即结束本单元格运行，不制动
                break


            tmp2 = self.encoder.getTotal()  # 转够多少数据后结束
            if tmp2 >= (tmp1 + self.encoder_leave):
                break

                                                  # 当前单元格走了多少
            done_block = (self.encoder_per_block-self.encoder_
leave) + (tmp2-tmp1)

            if done_block-done_block_last>1000:
                                             # 每行走超过1000，就上报一次
                serial.report(self.uart, self.mouse_x, self.
mouse_y, a0, a1, a4, yaw, 0, done_block, self.mouseid)
                done_block_last = done_block

            yaw = self.forwardGyro()

        if compensate_leave:
            self.encoder_done = tmp2
        else:
            self.encoder_done = tmp1

        # 走完一格，更新坐标
        self.coordinateUpdate(1)
        self.gyro_modify_flag=1
        self.gyro_modify = 0
        self.encoder_per_block = 8000

        serial.report(self.uart, self.mouse_x, self.mouse_y,
a0, a1, a4, yaw, 0, 0, self.mouseid)  # 更新坐标后再上报一次
```

3. 转弯程序

左转、掉头以及右转这三个函数，在程序设计逻辑和功能实现方式上具有相似性。它们都基于TQD-Micromouse JS对自身在迷宫环境中的定位，通过传感器收集的偏移量和墙壁信息，以及编码器计数反馈的位置数据，来调整设备的运行方向，从而保障TQD-Micromouse JS在迷宫中的行进操作得以顺利

执行。

```
    def turnRight(self):
        self.brake()
        time.sleep_ms(15)
        self.stop()
        time.sleep_ms(100)
        gc.collect()
        # 开始转动
        super().turnRight()
        yaw_last = 0
        while 1:
            yaw = self.gyro.read()
            if abs(yaw-yaw_last)>10:
                serial.report(self.uart, self.mouse_x, self.
mouse_y, 0, 0, 0, yaw, 0, 0, self.mouseid)
                yaw_last = yaw
            if self.dir == 0:
                if (270-self.turnright_modify)<yaw<(270+self.
turnright_modify):      # 270
                    break
            elif self.dir == 1:
                if (180-self.turnright_modify)<yaw<(180+self.
turnright_modify):       # 180
                    break
            elif self.dir == 2:
                if (90-self.turnright_modify)<yaw<(90+self.
turnright_modify):        # 90
                    break
            elif self.dir == 3:
                if 0<yaw<self.turnright_modify:          # 0/360
                    break
        self.dir = (self.dir+1)%4
        # 结束转动
        """
        super().turnLeft()  # 用作制动
        time.sleep_ms(10)
        """
        self.stop()
        time.sleep_ms(100)

        self.from_turn=1
        yaw = self.gyro.read()
        serial.report(self.uart, self.mouse_x, self.mouse_y, 0,
0, 0, yaw, 0, 0, self.mouseid)
```

4. 向目标点运动程序

```
    def objectGoto(self, dx, dy):
```

```
        """向目标点运动"""
        mapstep = self.mapstepEdit(dx, dy)
        temp_dir = 0
        cx = self.mouse_x
        cy = self.mouse_y
        while (cx!=dx) or (cy!=dy):
            # 沿着等高值减小的方向运行，直至到达目标点
            step = mapstep[cx][cy]
            block = self.mapblock[cx][cy]
            if (block&0b1 == 1) and (mapstep[cx][cy+1]<step):
                temp_dir = 0
            elif ((block&0b10)>>1 == 1) and (mapstep[cx+1][cy]<step):
                temp_dir = 1
            elif ((block&0b100)>>2 == 1) and (mapstep[cx][cy-1]<step):
                temp_dir = 2
            elif ((block&0b1000)>>3 == 1) and (mapstep[cx-1][cy]<step):
                temp_dir = 3
            d_dir = (temp_dir - self.dir + 4 )%4
            if d_dir == 1 :
                self.turnRight()
            elif d_dir == 2 :
                self.turnBack()
            elif d_dir == 3 :
                self.turnLeft()
            self.moveCell()
            cx = self.mouse_x
            cy = self.mouse_y
```

5. 主函数

```
def main(mouseid, left, right, front):
    micromouse = Micromouse()
    micromouse.irInit()
    micromouse.gyroInit()
    micromouse.ir.readModel(True)
    micromouse.ir.timerStart()
    micromouse.gyro.led(flash=True)  # 两个灯都闪烁两次

    start = time.ticks_ms()
    flag_run = 0
    flag_mapblock = 0
    flag_mapblock_count = 0

    while 1:
        end = time.ticks_ms()
        diff = end-start
        a0, a1, a4 = micromouse.ir.getIr()
```

```
        if diff>=10000:  # 超时，停止
            flag_run = 0
            flag_mapblock = 0
            micromouse.gyro.led(left=1, right=1)  # 两灯亮
            time.sleep(1)
            micromouse.gyro.led(left=0, right=0)  # 两灯灭
            break

        if a1>=right: # 遮挡 水平右红外，触发运行
            flag_run += 1
            flag_mapblock = 0
            flag_mapblock_count = 0
            micromouse.gyro.led(left=0, right=1)  # 右侧灯亮
            time.sleep_ms(300)
            micromouse.gyro.led(left=0, right=0)  # 右侧灯灭
            if flag_run>=3:
                break

        if a0>=left: # 遮挡 水平左红外，1次，删除 mouseid-1; 2次 删
除mouseid（即自己的mapblock）
            flag_run = 0
            flag_mapblock_count += 1
            micromouse.gyro.led(left=1, right=0)  # 右侧灯亮
            time.sleep_ms(300)
            micromouse.gyro.led(left=0, right=0)  # 右侧灯灭

        if a4>=front: # 遮挡 前方红外，删除 mapblock
            flag_run = 0
            flag_mapblock += 1
            micromouse.gyro.led(left=1, right=0)  # 左侧灯亮
            time.sleep_ms(300)
            micromouse.gyro.led(left=0, right=0)  # 左侧灯灭
            if flag_mapblock>=3:
                break
    micromouse.ir.timerStop()
    time.sleep_ms(100)
    # 删除 mapblock 时，先挡左侧，再挡前方
    if flag_mapblock>=3 and flag_mapblock_count==1:
        if f'mapBlock{mouseid-1}.bin' in os.listdir():
            os.remove(f'mapBlock{mouseid-1}.bin')
            micromouse.gyro.led(left=1, right=0)  # 左侧灯亮
            time.sleep_ms(1000)
            micromouse.gyro.led(left=0, right=0)  # 左侧灯灭
    elif flag_mapblock>=3 and flag_mapblock_count==2:
        if f'mapBlock{mouseid}.bin' in os.listdir():
            os.remove(f'mapBlock{mouseid}.bin')
            micromouse.gyro.led(left=1, right=0)  # 左侧灯亮
```

```
            time.sleep_ms(1000)
            micromouse.gyro.led(left=0, right=0)  # 左侧灯灭
    elif flag_mapblock>=3 and flag_mapblock_count>=4:
        if f'mapBlock{mouseid-1}.bin' in os.listdir():
            os.remove(f'mapBlock{mouseid-1}.bin')
        if f'mapBlock{mouseid}.bin' in os.listdir():
            os.remove(f'mapBlock{mouseid}.bin')
        micromouse.gyro.led(left=1, right=0)        # 左侧灯亮
        time.sleep_ms(1000)
        micromouse.gyro.led(left=0, right=0)        # 左侧灯灭

    if flag_run>=3 and mouseid==1:
        micromouse.relayFirst()
    elif flag_run>=3 and mouseid==2:
        micromouse.relaySecond()
    elif flag_run>=3 and mouseid==3:
        micromouse.relayThird()
    elif flag_run>=3 and mouseid==4:
        micromouse.relayFourth()
```

二、智能鼠接力解析

1. 地图资料传输程序

```
def blockSend(self, wakeup):
    serial.call(self.uart, wakeup)
    self.gyro.led(left=1, right=0)
    time.sleep_ms(500)
    serial.mapblockSend(self.uart, self.mapblock)
    self.gyro.led(left=0, right=0)

def blockRecv(self, wakeup):
    serial.wait(self.uart, wakeup)
    self.gyro.led(left=1, right=0)
    time.sleep_ms(500)
    flag, mapblock = serial.mapblockRecv(self.uart)
    self.gyro.led(left=0, right=0)
    time.sleep_ms(100)
    if flag:
        self.mapblock = mapblock
    time.sleep_ms(100)
```

2. 接力程序

```
def relayFirst(self):
    self.mouseid = 1
    self.gyro.led(left=0, right=1)  # 右侧灯亮
    time.sleep(1)
```

```
        self.gyro.led(left=0, right=0)  # 右侧灯灭

        if 'mapBlock1.bin' in os.listdir():
            self.blockLoad(1)
            self.blockSend(2)
            return
        self.coordinateSetStart()
        self.coordinateSetDest()
        self.mapblock[7][7] = self.mapblock[7][7]&0b01111
        self.mapblock[7][8] = self.mapblock[7][8]|0b10000
        self.mapblock[8][7] = self.mapblock[8][7]|0b10000
        self.mapblock[8][8] = self.mapblock[8][8]|0b10000

        self.encoderInit()
        self.motorInit()
        self.setSpeed(900, 900)
        self.setTurnSpeed(500, 500)
        self.prepare()
        time.sleep(1)

        self.mouseSearch()
        self.stop()
        self.blockSave(1)
        self.blockSend(2)
        self.destroy()

    def relaySecond(self, relay=True):
        self.mouseid = 2
        self.a4_5cm = 1600

        self.gyro.led(left=0, right=1)  # 右侧灯亮
        time.sleep(1)
        self.gyro.led(left=0, right=0)  # 右侧灯灭

        if relay:
            if 'mapBlock2.bin' in os.listdir():
                self.blockLoad(2)
                self.blockSend(3)
                return
            if 'mapBlock1.bin' in os.listdir():
                self.blockLoad(1)
            else:
                self.blockRecv(2)
                self.blockSave(1)
        else:
            pass
        self.coordinateSetStart(15, 0, 3)
```

```
        self.coordinateSetDest(8,7)
        self.mapblock[7][7] = self.mapblock[7][7]|0b10000
        self.mapblock[7][8] = self.mapblock[7][8]|0b10000
        self.mapblock[8][7] = self.mapblock[8][7]&0b01111
        self.mapblock[8][8] = self.mapblock[8][8]|0b10000

        self.gyro.rotateSet(1)
        self.encoderInit()
        self.motorInit()
        self.setSpeed(900, 900)
        self.setTurnSpeed(500, 500)
        self.prepare()
        time.sleep(1)

        self.mouseRelay()
        self.stop()
        self.blockSave(2)
        self.blockSend(3)
        self.destroy()

    def relayThird(self, relay=True):
        self.mouseid = 3
        self.gyro.led(left=0, right=1)  # 右侧灯亮
        time.sleep(1)
        self.gyro.led(left=0, right=0)  # 右侧灯灭

        if relay:
            if 'mapBlock3.bin' in os.listdir():
                self.blockLoad(3)
                self.blockSend(4)
                return
            if 'mapBlock2.bin' in os.listdir():
                self.blockLoad(2)
            else:
                self.blockRecv(3)
                self.blockSave(2)
        else:
            pass

        self.coordinateSetStart(15, 15, 2)
        self.coordinateSetDest(8,8)
        self.mapblock[7][7] = self.mapblock[7][7]|0b10000
        self.mapblock[7][8] = self.mapblock[7][8]|0b10000
        self.mapblock[8][7] = self.mapblock[8][7]|0b10000
        self.mapblock[8][8] = self.mapblock[8][8]&0b01111

        self.gyro.rotateSet(2)
```

```
        self.encoderInit()
        self.motorInit()
        self.setSpeed(900, 900)
        self.setTurnSpeed(500, 500)
        self.prepare()
        time.sleep(1)

        self.mouseRelay()
        self.stop()
        self.blockSave(3)
        self.blockSend(4)
        self.destroy()

    def relayFourth(self, relay=True):
        self.mouseid = 4
        self.gyro.led(left=0, right=1)  # 右侧灯亮
        time.sleep(1)
        self.gyro.led(left=0, right=0)  # 右侧灯灭

        if relay:
            if 'mapBlock4.bin' in os.listdir():
                self.blockLoad(4)
                self.objectGoto(self.dest_x, self.dest_y)
                self.objectGoto(self.start_x, self.start_y)
                self.stop()
                self.destroy()
                return
            if 'mapBlock3.bin' in os.listdir():
                self.blockLoad(3)
            else:
                self.blockRecv(4)
                self.blockSave(3)
        else:
            pass

        self.coordinateSetStart(0, 15, 1)
        self.coordinateSetDest(7,8)
        self.mapblock[7][7] = self.mapblock[7][7]|0b10000
        self.mapblock[7][8] = self.mapblock[7][8]&0b01111
        self.mapblock[8][7] = self.mapblock[8][7]|0b10000
        self.mapblock[8][8] = self.mapblock[8][8]|0b10000

        self.gyro.rotateSet(3)
        self.encoderInit()
        self.motorInit()
        self.setSpeed(900, 900)
        self.setTurnSpeed(500, 500)
```

```
        self.prepare()
        time.sleep(1)

        self.mouseRelay()
        self.stop()
        self.blockSave(4)
        # self.objectGoto(self.start_x, self.start_y)
        self.objectGoto(0, 0)
        self.objectGoto(self.dest_x, self.dest_y)
        # self.objectGoto(self.start_x, self.start_y)
        self.objectGoto(0, 0)
        self.destroy()
```

思考与总结

（1）智能鼠程序设计的各个阶段之间存在怎样的关联？它们如何相互影响、层层递进，共同构建起完整的程序体系？

（2）智能鼠所涉及的主要函数，各自在程序运行过程中承担着何种具体功能？这些函数如何各司其职，推动智能鼠完成相应任务？

（3）智能鼠走迷宫这一任务，依赖于多个主要函数的协同配合。只有每个函数都经过精确调试，确保功能无误，智能鼠才能够顺利穿越迷宫，抵达终点。任何一个函数出现偏差，都可能导致智能鼠在迷宫中迷失方向，无法完成既定目标。

项目四

智能鼠数字孪生

学习目标

（1）了解数字孪生的基本概念。

（2）掌握迷宫机器人虚拟仿真评测系统的操作方法。

数字孪生作为当下极具变革性的前沿技术，借助先进的数字化手段，对物理实体开展全方位、高精度的模拟与映射。它有机融合了计算机科学、物联网、大数据分析等多学科知识，构建起一个与现实世界高度契合、实时同步的虚拟镜像，实现物理世界与数字世界的深度交互与协同。在工业制造领域，数字孪生技术凭借实时监测设备运行状态的能力，能够精准预判潜在故障，提前采取维护措施，有效提升生产效率与产品质量；在智慧城市建设进程中，助力优化交通流量，合理调配能源资源，推动城市管理智能化与高效化；在医疗保健行业，可通过模拟复杂手术流程，为医生提供科学的预演方案，显著提高手术成功率，保障患者生命健康。

智能鼠数字孪生是数字孪生技术的创新应用典范。它精心打造了一个沉浸式虚拟环境，使用户能够在零风险的情境下，深入熟悉智能鼠的操作流程。无论是复杂任务的执行逻辑，还是细微的操作步骤，均可在此环境中反复演练。完全不必担忧因误操作而致使智能鼠硬件损坏，也无须顾虑引发安全事故，极大降低了学习成本与潜在风险。

任务一　数字孪生技术基础

一、核心技术与应用

数字孪生指的是运用数字化技术，构建出与物理实体高度一致的虚拟模型，如图3-4-1所示。此虚拟模型并非简单复刻，而是基于海量数据，精准模拟物理实体在现实复杂环境中的各类行为。通过搭建虚实交互反馈机制，实现虚拟与现实之间数据的双向流通；借助数据融合分析技术，深度挖掘数据价值，洞察物理实体的运行规律；运用决策迭代优化手段，不断调整和完善虚拟模型的运行策略。凭借一系列先进技术手段，数字孪生能够为物理实体赋予全新能力，或是对其既有能力进行拓展与升级，助力物理实体在实际应用场景中，实现性能提升、风险防控以及高效运作。

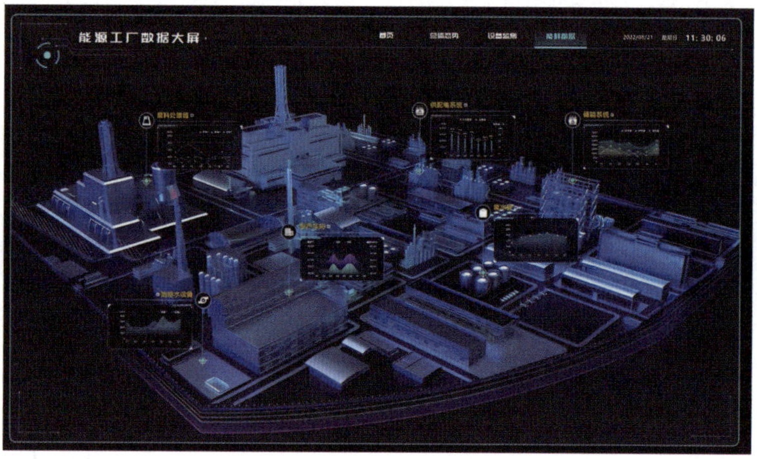

图3-4-1　数字孪生场景图

1. 核心技术

数字孪生作为前沿技术，融合多项关键核心技术，共同构建起一个高度逼真、实时交互的虚拟世界。

（1）3D引擎：作为数字孪生应用的关键要素，其主要功能在于创建数字孪生体，并利用3D 图形技术在计算机中对物理设备进行真实映射，实现可视化展示。三维引擎不仅是数字孪生技术的可视化载体，更是人机交互的重要通道，为用户呈现直观且逼真的虚拟场景。

（2）物联网：是实现数字孪生的重要基石。通过射频识别、二维码、传感器等多样的数据采集方式，物联网为全面感知物理世界提供技术支撑。同时，借助有线或无线网络，物联网确保了孪生数据能够实时、可靠、高效地传输，为后续的数据分析与处理奠定基础。

（3）3D仿真模型：堪称数字孪生的核心组成部分。该模型为物理实体提供多维度、多时空尺度的高保真数字化映射，通过实现可视化与虚实融合，使虚拟模型能够真实呈现物理实体的状态与行为，进而增强物理实体的功能。

（4）边缘计算：此项技术可在边缘侧对部分从物理世界采集到的数据进

行实时过滤、规约与处理。这一特性使得用户能够在本地实现即时决策、快速响应与及时执行，有效提升系统的运行效率与响应速度。

（5）大数据：数字孪生中的孪生数据来源广泛，集成了物理感知数据、模型生成数据、虚实融合数据等。这些数据具有高速产生、多来源、多种类、多结构的特点，涵盖全要素、全业务、全流程。大数据技术能够从这些海量数据中提取有价值的信息，用于解释和预测现实事件的结果与过程，为决策提供有力支持。

（6）人工智能：依托数字孪生准确、可靠、高保真的虚拟模型，多源、海量、可信的孪生数据，以及实时动态的虚实交互，人工智能为用户提供了仿真模拟、诊断预测、可视监控、优化控制等多样化应用服务，极大地拓展了数字孪生的应用边界与价值。

2. 场景应用

（1）工业制造领域：

① 生产过程优化：借助数字孪生技术，构建生产设备及生产线的精准数字模型。通过实时监测生产进程中的各类参数与设备状态，能够提前洞察设备故障隐患，精准定位生产瓶颈。基于此，企业可对生产流程与调度策略进行优化，有效提升生产效率，保障产品质量。

② 产品研发与设计：在产品研发初始阶段，运用数字孪生创建产品的虚拟模型。利用该模型开展全方位的仿真测试与验证工作，能够提前甄别并解决设计层面的问题。这不仅大幅降低研发成本，规避潜在风险，还能显著缩短产品上市周期，助力企业抢占市场先机。

③ 供应链管理：数字孪生赋能供应链全流程实时监控与深度优化。从原材料采购、生产计划排定，到物流配送环节，企业通过搭建供应链的数字孪生模型，能够精准掌握供应链各节点的实时状态与动态变化。据此及时调整计划与策略，确保供应链高效运转，提升整体可靠性。

（2）智慧城市领域：

① 城市规划与设计：运用数字孪生技术构建城市的虚拟模型，对城市空间布局、交通流量分布、人口密度等关键要素进行模拟分析。这些数据为城市规划与设计提供科学依据，助力优化城市功能分区与空间结构，打造宜居宜业的城市环境。

② 交通管理与优化：数字孪生实时捕捉交通流量与路况信息，通过模拟

优化交通信号控制方案、公交线路规划等举措，有效提升交通通行效率，缓解拥堵状况，减少交通事故发生率，为市民出行提供便利。

③ 能源管理与优化：创建能源系统的数字孪生模型，实时监控能源生产、传输及消耗全过程。基于数据分析，优化能源分配策略，提高能源利用效率，降低能源消耗与运营成本，推动城市可持续发展。

（3）医疗保健领域：

① 个性化医疗：依据患者个体特征与病情数据，量身打造患者专属的数字孪生模型。该模型能够模拟预测疾病发展趋势及治疗效果，为医生制定个性化治疗方案提供有力决策支持，显著提升治疗效果与安全性。

② 医疗设备管理：对医疗设备实施实时监控与精细化管理。通过创建设备的数字孪生模型，提前预测设备故障风险与维护需求，合理规划设备使用与维护计划，延长设备使用寿命，确保设备可靠运行。

③ 远程医疗：数字孪生为远程医疗提供技术支撑。借助患者与医疗设备的数字孪生模型，实现远程诊断、治疗与健康监测，打破地域限制，提升医疗服务的可及性与便捷性。

（4）航空航天领域：

① 飞行器设计与研发：在飞行器设计研发过程中，运用数字孪生构建飞行器的虚拟模型。通过仿真测试与验证，优化飞行器性能与结构设计，提高飞行器安全性与可靠性，满足航空航天领域的严苛要求。

② 飞行模拟与训练：打造飞行器与飞行环境的数字孪生模型，用于开展飞行模拟训练。飞行员在虚拟环境中反复练习，积累飞行经验，提升飞行技能，同时降低飞行训练成本与风险。

③ 航空发动机维护：对航空发动机进行实时状态监测与管理。通过创建发动机的数字孪生模型，精准预测发动机故障与维护需求，优化维护计划与策略，保障发动机稳定可靠运行，延长发动机使用寿命。

（5）能源管理领域：

① 电力系统：数字孪生技术深度应用于电力系统，实现实时监测、故障诊断与预测性维护。通过构建电力系统的数字孪生模型，实时掌握电网运行状态与电力设备健康状况，提前预判设备及电网故障，及时采取修复与预防措施，确保电网可靠稳定运行。

② 可再生能源：在可再生能源领域，数字孪生助力风力发电、太阳能发

电等发电系统的优化管理。通过创建发电系统的数字孪生模型，实时监控发电设备运行状态与发电效率，预测发电功率与发电量，优化发电系统运行与维护计划，提高可再生能源利用效率与经济效益。

（6）教育实训领域：

① 虚拟实验室：依托数字孪生技术打造虚拟实验室，为学生营造逼真的实验环境，提供虚拟实验设备。学生可在虚拟环境中进行实验操作与研究，有效提升实验技能与实践能力。

② 虚拟培训：构建虚拟培训环境与虚拟培训设备，为学生呈现丰富的培训场景与内容。学生在虚拟环境中反复练习，积累技能与经验，同时降低培训成本与潜在风险。

二、数据采集与传输

在数字孪生体系中，数据采集与传输技术是构建数字孪生系统的核心关键。其核心目标在于确保物理实体的实时状态能够精准无误地映射至数字模型之中。

1. 数据采集技术

（1）传感器技术：

① 温度传感器：主要用于精准测量物体或环境温度的动态变化。常见类型包括热电偶、热电阻等，它们广泛应用于工业设备运行状态监测、环境温度监控等诸多领域。通过对温度数据的采集与分析，能够及时发现设备过热隐患或环境温度异常，为设备维护与环境调控提供关键依据。

② 压力传感器：具备检测压力变化的能力，常见的有应变片式、电容式压力传感器。在航空航天领域，压力传感器用于监测飞行器内部压力系统，保障飞行安全；在汽车工业中，可监测轮胎气压、油压等参数，助力汽车性能优化与故障诊断。

③ 位移传感器：能够精确测量物体的位移以及位置变动情况，如光栅尺、激光测距仪等。在机器人控制场景中，位移传感器帮助机器人精准定位与执行动作；机床加工过程中，可实时监测刀具与工件的位置关系，确保加工精度。

④ 图像传感器：以摄像头中的CCD或CMOS传感器为典型代表，能够高效捕捉图像信息。在视觉检测领域，用于产品外观缺陷检测、尺寸测量等；在安防监控场景中，可实时监控区域内人员活动与异常情况，为安全防护提供直

观数据。

（2）数据采集系统：

① 分布式数据采集系统：由多个分布于不同地理位置的采集节点共同构成。这些节点能够同步采集多种物理量的数据，并借助网络通信技术，将采集到的数据传输至中央处理单元。以智能电网为例，该系统可在各个变电站、输电线路部署采集节点，实时收集电压、电流、功率等运行数据，为电网的稳定运行与智能化管理提供全面的数据支持。

② 集中式数据采集系统：将所有传感器集中连接至一个统一的采集设备，由该设备负责统一的数据采集与处理工作。这种系统适用于小型应用场景，或对数据实时性要求极高的环境，例如实验室中的各类数据采集设备，能够快速、精准地对实验数据进行采集与初步处理，满足科研人员对数据及时性与准确性的需求。

2. 数据传输技术

（1）有线传输技术：

① 以太网：作为应用极为广泛的局域网技术，凭借高带宽、低延迟的显著特性，能够快速处理并传输海量数据。在工业自动化生产线中，可实时传输生产设备的运行参数，保障生产线高效稳定运转；企业内部网络依托以太网，实现员工办公数据的快速交换与共享，提升办公协同效率。

② 光纤通信：借助光纤传输光信号完成数据传输任务。其具备传输距离远、带宽大以及卓越的抗干扰能力等优势。在城市间的通信网络建设中，光纤通信能够跨越长距离实现高速数据传输，保障区域间信息的高效交互；大型数据中心之间的互联，也依赖光纤通信技术，确保数据的稳定、高速传输，满足数据中心对海量数据处理与交换的需求。

（2）无线传输技术：

① Wi-Fi：一种常见的无线局域网技术，提供了便捷的无线连接方式，适用于短距离内的数据传输。广泛应用于智能家居环境，实现智能家电间的互联互通，打造便捷的家居生活体验；在办公场所，员工可通过Wi-Fi快速连接企业网络，随时随地访问办公资源，提升办公灵活性。

② 蓝牙：主要用于短距离、低功耗的无线数据传输。例如，无线耳机、智能手表等可穿戴设备，借助蓝牙技术轻松连接手机或计算机，实现音频传输、数据同步等功能，满足用户对便捷、低功耗连接的需求。

③ ZigBee：这是一种具备自组织、自愈合网络特性的低功耗、低速率无线通信技术。在物联网领域，尤其是智能家居系统中，大量传感器节点之间通过ZigBee技术进行通信，构建稳定可靠的物联网感知网络，实现对家居环境的全方位监测与控制。

④ 4G/5G：作为新一代移动通信技术的杰出代表，4G/5G展现出高速率、低延迟、大容量的显著优势。能够支持众多设备同时在线连接，为物联网应用提供强大通信支撑。以智能交通为例，4G/5G技术助力车辆与车辆、车辆与基础设施之间实现实时通信，实现智能驾驶辅助、交通流量优化等功能，推动交通系统向智能化、高效化方向发展。

3. 数据采集与传输的优化策略

（1）数据预处理：在数据采集源头，对原始数据开展预处理工作。通过实施数据清洗，剔除重复、错误及无效数据；运用去噪技术，消除数据中的干扰信号；执行归一化操作，将数据统一至特定范围。这些举措大幅削减数据传输量，降低后续处理的复杂程度，为高效的数据处理与分析奠定基础。

（2）数据压缩：选用适配的数据压缩算法对采集到的数据进行压缩处理。无损压缩算法，如ZIP、GZIP，可在不损失任何数据信息的前提下，减小数据体积，适用于对数据准确性要求极高的场景，如金融交易数据、医疗影像数据等；有损压缩算法，如JPEG（用于图像）、MP3（用于音频），在允许一定程度数据损失的情况下，实现更高的压缩比，有效降低数据传输带宽需求，广泛应用于对数据精度要求相对较低但对传输效率要求较高的多媒体数据传输场景。

（3）缓存机制：在数据采集端或者传输链路中构建缓存体系。当网络遭遇故障、传输中断时，数据可临时存储于缓存空间内。待网络恢复正常后，缓存中的数据将自动完成传输，有效避免数据丢失，保障数据的完整性与连续性，确保数字孪生系统稳定运行。

（4）异步传输：采用异步传输模式，允许数据在后台进行传输，而不会对其他业务操作的执行造成阻碍。这一方式显著提升系统的响应速度与运行效率，用户在进行其他操作时无须等待数据传输完成，极大地改善了用户体验，尤其适用于对实时性要求较高的交互场景，如工业控制中的远程操作、智能设备的实时监控等。

任务二　虚拟仿真评测系统开发环境搭建

一、虚拟仿真评测系统介绍

TQD-Micromouse OC V3.0迷宫机器人虚拟仿真评测系统，由天津启诚伟业科技有限公司基于智能鼠虚拟仿真竞赛的实际需求，凭借深厚的技术积累与创新精神，成功研发而成。该系统是具备自主知识产权的产品，其作为迷宫机器人虚拟仿真评测领域的创新成果，能够为相关竞赛及研究提供高效、可靠的模拟环境。通过动态路径规划算法与强化学习模型，助力提升智能鼠在迷宫场景中的性能表现与策略优化，如图3-4-2所示。

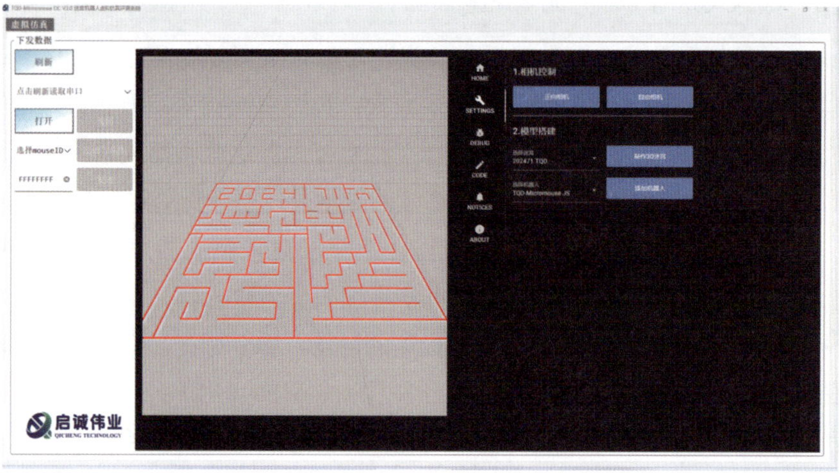

图3-4-2　虚拟仿真评测系统界面

虚拟仿真评测系统优点显著，具体如下：

（1）高适应性与高性价比：此评测系统完全不受外界环境干扰，无论是恶劣天气、复杂场地条件，都能稳定运行。同时，相较于传统实地测试，它以较低成本实现全方位测试功能，具有极高的性价比。其观赏性强，通过逼真的场景呈现，带来视觉上的震撼体验，且仿真度极高，能精准模拟真实情况。

（2）卓越开放性：系统具备良好的开放性，能够提供各类模型以及平台的高精度还原。不仅可展示模型特性，还支持虚拟运行训练功能。使用者能在虚拟环境中，针对不同模型和平台进行深入探索与实践操作，极大地拓展了学习与研究空间。

（3）强大实时性：该系统具备极强的实时响应能力，能依据真实路况动态更新地图数据。通过智能算法实时规划精准导航路线，同时持续监测迷宫通道的通行效率，模拟真实交通的流量波动情况，精准引导智能鼠绕开拥堵区域，保障其在虚拟环境中高效畅行，为实际应用场景提供重要参考价值。

（4）高度仿真性：整个系统构建于真实物理模型之上，并结合三维设计模型，精心打造复杂的竞赛迷宫场景。在运行过程中，可完美复刻真实竞赛实况，为使用者营造身临其境的体验。这种高度仿真性，为虚拟比赛提供了强有力的指导，助力参赛者更好地熟悉竞赛流程，优化策略，提升比赛表现。

（5）灵活视角切换：系统支持正向视角与自由视角两种模式，使用者可在虚拟仿真过程中，实现多角度、多方位观察。无论是专注于智能鼠前行路线的正向视角，还是能全方位审视场景的自由视角，都能满足使用者深入探索虚拟环境的需求，助力其更细致地把握仿真动态。

（6）丰富模型资源：提供多样化模型，包括迷宫模型、智能鼠模型以及障碍物模型。这些模型具备高自由度，可根据实际需求灵活调整与组合。同时，系统扩展性强，能够轻松融入新的模型元素，为使用者打造更为丰富、个性化的虚拟场景，满足不同应用场景与研究方向的模型搭建需求。

（7）高效智能算法：内置先进的智能算法，能够对复杂数据进行高效解析。无论是大量的仿真数据，还是模型参数信息，都能快速处理，并精准实现最优数据计算。这一特性不仅提升了数据处理效率，更为虚拟仿真的准确性与可靠性提供了坚实保障，助力使用者基于精准数据做出科学决策。

（8）便捷调试接口：开放调试接口支持单步调试与整体调试两种方式。在算法设计过程中，使用者可通过单步调试，逐行检查代码逻辑，精准定位问题；整体调试则能从宏观层面验证算法整体运行效果。这两种调试方式相辅相成，为算法设计提供有力辅助，大幅提升算法开发效率与质量。

（9）无线串口通信：系统集成串口通信功能，并搭配收发器，可轻松实现与智能鼠的无线通信连接。在虚拟仿真与实际智能鼠测试之间搭建起高效桥梁，使用者能够实时将虚拟仿真结果传输至智能鼠设备，同步进行实际验证；反之，亦可将智能鼠采集的数据回传至虚拟系统，实现虚实结合的深度交互与优化。

视频

虚拟仿真软件安装

二、虚拟仿真评测系统安装

TQD-Micromouse OC V3.0迷宫机器人虚拟仿真评测系统为满足不同用户需求，提供本地环境安装与虚拟环境安装两种方式。安装时，请将相应安装包复制至适宜存储位置。

相关安装包详情如图3-4-3所示。

图3-4-3　虚拟仿真评测系统安装包

在安装TQD-Micromouse OC V3.0迷宫机器人虚拟仿真评测系统前，请务必先仔细阅读“说明.txt”文件。按照文件中的具体指引，完成Python软件的安装工作。

安装说明：

1. 运行环境要求

（1）请预先在计算机中安装Python 3.12版本，确保软件能够正常运行。

（2）请确保TQD-Micromouse OC的存放路径中不能包含空格，否则可能导致软件运行异常。

2. 软件安装方式

（1）方式一：打开Python环境，运行“Install.py”文件，按照提示步骤完成软件的安装操作。

（2）方式二：直接双击“Install.bat”文件，根据安装引导完成软件的安装，如图3-4-4所示。

在安装过程中，可以根据自身需求，选择创建虚拟环境或者使用本地环境进行安装。

3. 安装完成后的操作

软件安装结束后，系统将在计算机桌面自动生成快捷方式图标，如图3-4-5所示。双击该快捷方式图标，即可启动TQD-Micromouse OC V3.0迷宫机器人虚拟仿真评测系统。

当完成前期相关软件及环境的安装工作后，即可着手安装虚拟仿真评测系统。

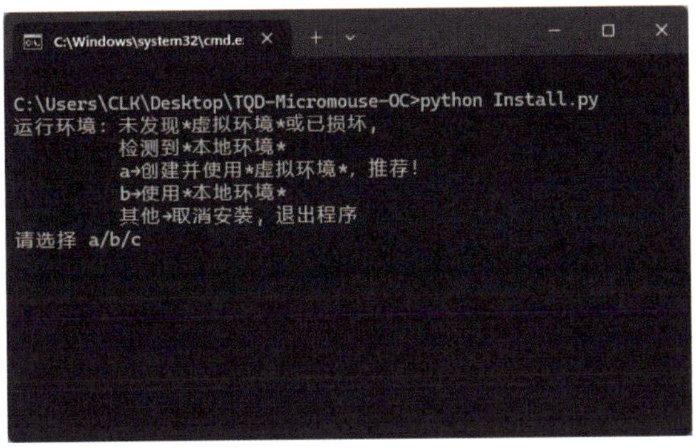

图3-4-4　安装方式选择

图3-4-5　桌面快捷方式

视 频

虚拟仿真软件基础功能

三、虚拟仿真测评系统基本操作

1. 界面简介

双击计算机桌面上虚拟仿真测评系统的快捷方式图标，即可快速启动该系统，如图3-4-6所示。

在登录界面准确输入用户名与密码，单击“启动”按钮，即可顺利进入虚拟仿真测评系统的主界面。

虚拟仿真测评系统的界面划分情况如图3-4-7所示。

图3-4-6　虚拟仿真评测系统登录

图3-4-7　虚拟仿真评测系统界面示意图

（1）图3-4-7中序号1为串口功能区：其主要作用是实现与智能鼠的无线通信，确保数据在系统与机器人之间稳定传输。

（2）图3-4-7中序号2为3D场景区：该区域负责展示3D模型，同时呈现各类3D动作，为用户打造逼真的视觉场景。

（3）图3-4-7中序号3为虚拟仿真功能区：此区域集成了对迷宫以及智能鼠的多样化控制功能，用户可在此便捷操作，实现对虚拟仿真过程的全面调控。

2. 场景交互

为满足用户多样化的观察需求，虚拟仿真评测系统提供了两种不同角度的相机供用户自主选择并使用，如图3-4-8所示。

图3-4-8 相机控制方式

（1）正向相机：正向相机的位置处于迷宫中心的正上方，镜头朝向迷宫中心进行拍摄或观察，能够呈现出从迷宫正上方俯视的视觉效果，具体的相机位置和拍摄方向如图3-4-9所示。

（2）自由相机：自由相机设置在迷宫的一侧，镜头同样对准迷宫中心。相较于正向相机，自由相机可提供不同的观察角度，满足用户多样化的观察需求，其具体位置和拍摄方向如图3-4-10所示。

图3-4-9 正向相机

图3-4-10 自由相机

在两种相机模式下，均可通过鼠标自由操控相机移动，具体交互方式如下：

（1）左键操作：按住左键并水平移动鼠标，可使相机绕z轴旋转；按住左键并垂直移动鼠标，相机将绕x轴或y轴旋转。

（2）中键操作：针对相机照射方向，使用中键能够实现推进或拉远效果。滚动中键，相机将缓慢推拉；按下中键并上下移动鼠标，则可快速完成相机的推拉操作。

（3）右键操作：按住右键并移动鼠标，能在垂直于相机照射方向的平面内，实现相机的平移。

任务三　虚拟仿真评测系统功能实践

一、模型搭建

虚拟仿真评测系统具备强大的模型搭建功能，涵盖迷宫模型与智能鼠模型的构建，为用户提供丰富的创作空间，如图3-4-11所示。

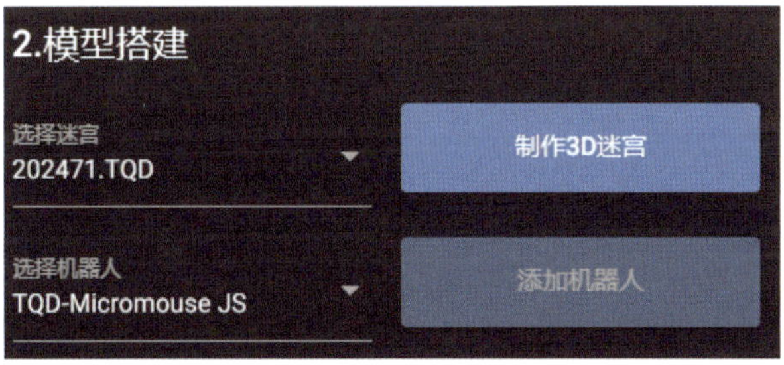

图3-4-11　虚拟仿真评测系统模型搭建

1. 迷宫模型搭建

在系统目录的TQD文件夹中，存放着迷宫描述文件，其文件扩展名为.TQD。“选择迷宫”的下拉列表会自动读取TQD文件夹，将该文件夹内所有的.TQD文件展示出来。用户可依据自身需求，从列表中选取相应的.TQD文件，随后单击“制作3D迷宫”按钮，即可顺利完成迷宫模型的搭建。

值得注意的是，迷宫描述文件本质上属于文本文件，用户能够使用任意一款文本编辑器将其打开并进行编辑，如图3-4-12所示。在这类文件中，竖线“|”与下划线“_”分别对应迷宫的挡板，而空格则代表此处不存在挡板。基于此规则，用户可按需对迷宫布局进行修改，灵活打造个性化的迷宫场景。

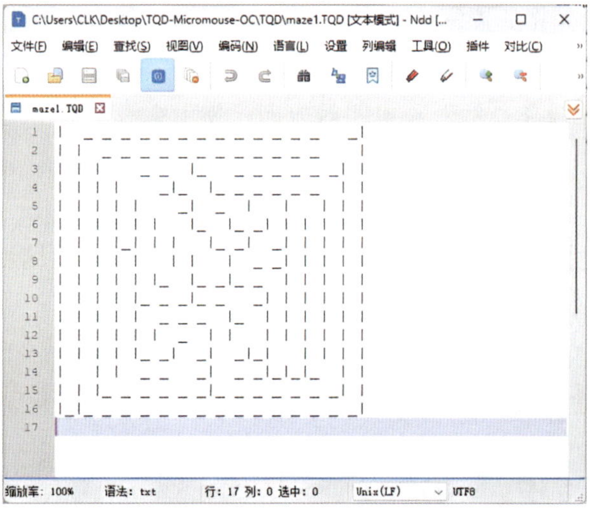

图3-4-12　迷宫描述文件

注意：在编辑迷宫描述文件时，请务必确认编码格式为UTF8，以保证文件内容的正确显示与保存。推荐使用Notepad--或VSCode等功能强大且兼容性良好的软件进行编辑操作。

2. 机器人模型搭建

机器人模型采用.glb文件格式，这是一种二进制文件，全称为GL transmission format binary。它基于JSON格式的GLTF（GL transmission format），是其更为高效的二进制版本，专门用于3D场景、模型及相关数据的存储与传输，能够显著提升数据处理效率。此类文件可通过Blender、3ds Max、Maya等专业3D建模软件制作生成。

系统内置两款智能鼠模型可供选择，分别是TQD-Micromouse JQ（双轮设计），如图3-4-13所示；和TQD-Micromouse JQ3（四轮构造），如图3-4-14所示。

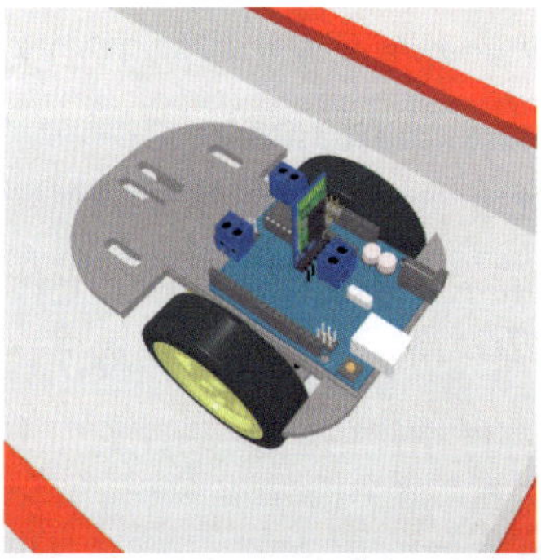

图3-4-13　TQD-Micromouse JQ

图3-4-14　TQD-Micromouse JQ3

智能鼠的双轮和四轮设计，仅在外观形态上存在差异，在系统运行过程中，二者的性能表现与运行逻辑完全一致，不会因轮子数量不同而产生任何影响。

二、系统调试

1. 选择机器人

TQD-Micromouse OC V3.0迷宫机器人虚拟仿真评测系统具备强大的控制能力，最多可同时对四只智能鼠进行操控。在“选择机器人”的功能模块中，如图3-4-15所示，用户能够便捷地指定机器人ID，实现对目标机器人的精准选择与控制。

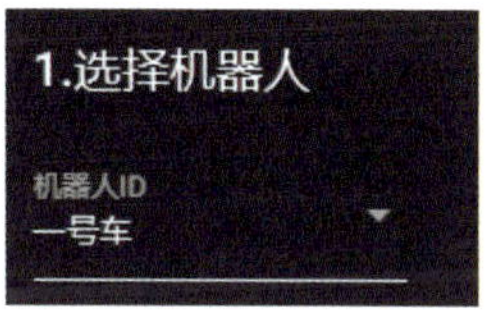

图3-4-15　选择机器人

当在系统中选择不同的机器人ID后，界面上显示的当前智能鼠也会随之自动切换，如图3-4-16所示。

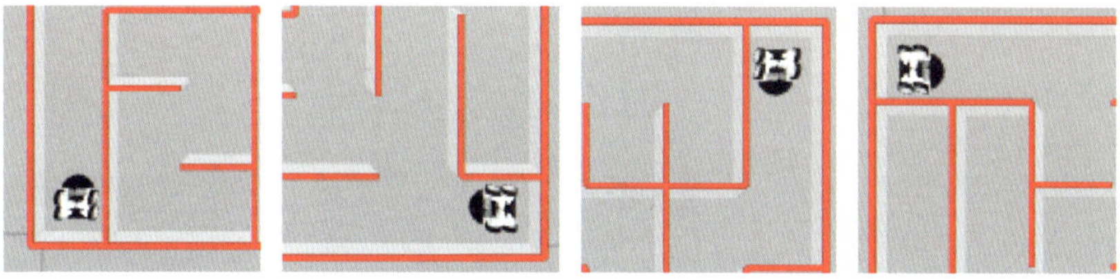

一号智能鼠　二号智能鼠　三号智能鼠　四号智能鼠

图3-4-16　四只智能鼠位置分布

在TQD-Micromouse OC V3.0迷宫机器人虚拟仿真评测系统中，四只智能鼠的初始设置如下：

（1）一号智能鼠：默认起点坐标为(0, 0)，智能鼠出现在起点坐标，车头朝上；

（2）二号智能鼠：起点坐标设定为(15, 0)，智能鼠出现在起点坐标，车头朝左；

（3）三号智能鼠：起点坐标设定为(15, 15)，智能鼠出现在起点坐标，车头朝下；

（4）四号智能鼠：起点坐标设定为(0, 15)，智能鼠出现在起点坐标，车头朝右。

用户可依据实际需求，在系统中选择对应的机器人ID，进而开展后续的相关操作。

2. 解析数据

虚拟仿真评测系统具备实时解析数据的强大功能，如图3-4-17所示。当单击系统界面中的“解析数据”按钮后，系统会依据当前加载的迷宫地图，针对“当前智能鼠”精准计算并生成从起点坐标到目标点坐标的最短路径，如图3-4-18所示。借助这一功能，能够便捷地为四只智能鼠分别生成各自前往目标点的最短路径规划，助力高效完成任务。

图3-4-17　解析数据

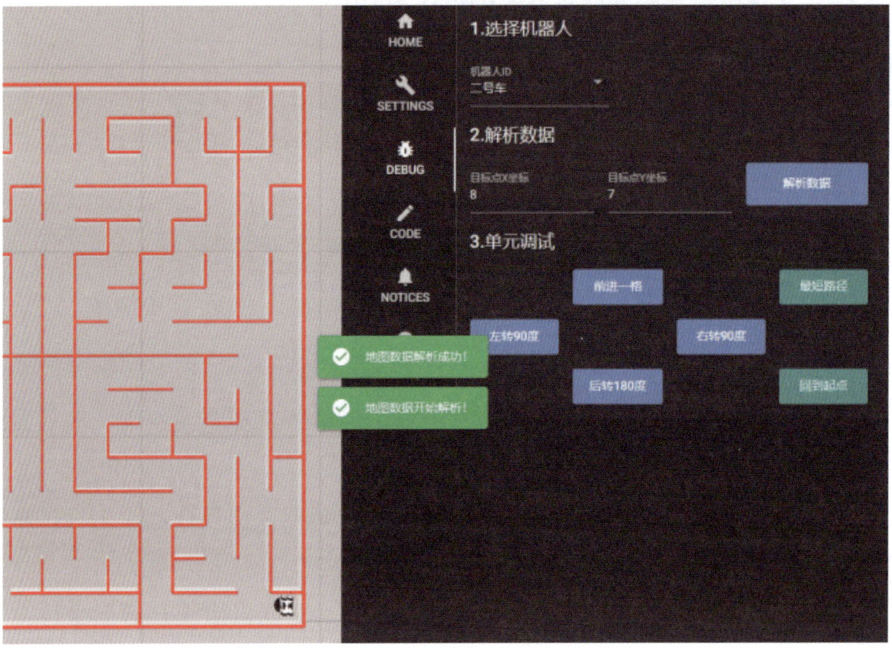

图3-4-18　解析数据成功

3. 单元调试

虚拟仿真评测系统配备了专门的调试接口，如图3-4-19所示，支持单步调试与最短路径运行两种调试模式。通过该接口，用户能够灵活选择单步调试，对程序执行过程进行逐行检查，精准定位问题；也可选择最短路径运行模式，快速验证系统在最优路径规划下的运行效果，极大提升调试效率与便捷性。

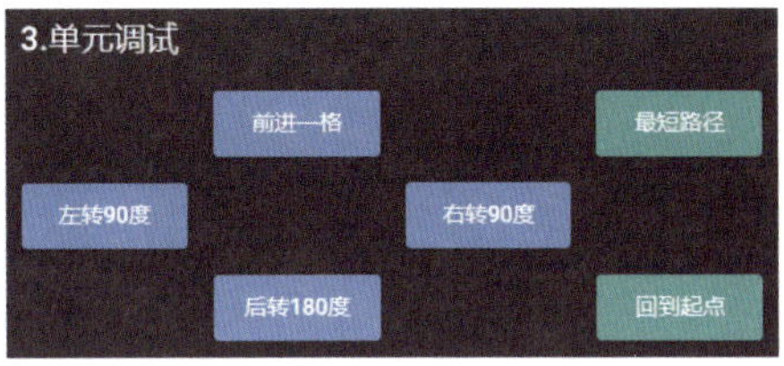

图3-4-19　调试接口

当单击系统界面中的“最短路径”按钮后，“当前智能鼠”便会依据在“解析数据”环节中生成的最优路径，从其当前所在坐标出发，沿着这条最短路径向目标点坐标移动，如图3-4-20所示。

图3-4-20　最短路径

4. 在线编程

虚拟仿真评测系统不仅支持通过功能按钮进行调试，还具备在线编程功能。用户可以直接在编辑器中编写程序，以此实现对“当前智能鼠”的精准控制。

虚拟仿真评测系统集成了功能完备的代码编辑模块，提供了丰富的编辑特性。它支持多种编程语言，具备语法高亮显示功能，能让代码结构一目了然；支持代码折叠，方便用户整理和查看长代码；提供自动补全功能，提高代码编写效率；还能进行代码格式化，使代码布局更加规范美观。这些功能可有力辅助用户创建更为复杂的模型控制代码。

如图3-4-21所示，当单击“运行”按钮，“当前智能鼠”会立即执行custom ()函数中的程序。系统已为该程序预先传递了可供使用的参数，目前共开放四个，分别为“moveBlocks”、“turnLeft”、“turnRight”和

“turnBack”。这些参数的具体功能说明如图3-4-22所示。

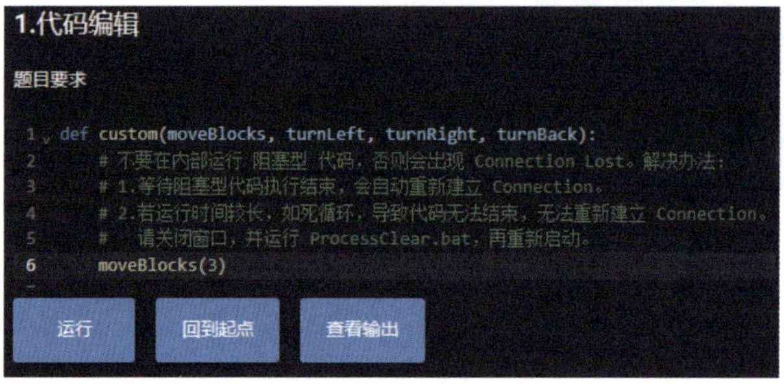

图3-4-21 在线编辑

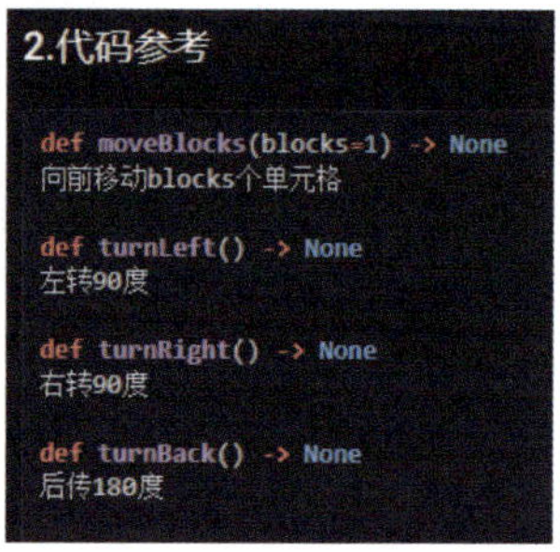

图3-4-22 代码参考

代码编辑器中的内容将在后台加载并执行，该系统支持任意Python语法。需要特别注意的是，请勿在代码中编写阻塞型代码，因为此类代码会导致UI连接中断，出现“Connection Lost”提示。

若遇到“Connection Lost”现象，可参考以下解决办法：

（1）短期阻塞情况：若阻塞型代码执行时间较短，只需等待其执行结束，系统将自动重新建立连接。

（2）长期阻塞情况：若阻塞型代码运行时间过长，例如出现死循环，致使代码无法正常结束，系统无法重新建立连接，请关闭当前窗口，然后重新启动系统。

任务四　智能鼠孪生运行

一、无线交互功能

虚拟仿真评测系统设有串口调试功能，搭配虚拟仿真接收器，能够与智能鼠建立无线交互连接，如图3-4-23所示。通过这一连接，系统可获取智能鼠的数据，并基于自身强大的功能，在3D场景中对仿真模型进行渲染，精准呈现智能鼠的完整运行过程。

图3-4-23 接收器实物图

虚拟仿真接收器与智能鼠无线模块的通信要求：

（1）网络ID一致性：虚拟仿真接收器与智能鼠的网络ID必须完全一致，否则无法建立通信连接。

（2）信道一致性：二者所使用的信道也必须保持相同，以确保数据能够稳定、准确地传输。

1. 接收器配置

若要对虚拟仿真接收器进行配置，需借助名为“无线模块配置工具”的软件。具体操作流程如下：

（1）连接接收器：将虚拟仿真接收器插入计算机。

（2）打开软件：启动“无线模块配置工具”。

（3）选择并开启串口：在软件中选择接收器所使用的串口，然后打开该串口。

（4）进入指令模式：在软件界面中操作，使接收器进入指令模式。

（5）参数设置：根据实际需求，设置网络ID和信道。需注意，串口波特率固定为115 200，不可更改，设置界面如图3-4-24所示。

图3-4-24　虚拟仿真无线配置界面

（6）退出指令模式：完成上述设置后，在软件中执行相应操作，退出指令模式。

（7）关闭串口：在软件内选择关闭已打开的串口，完成整个接收器配置流程。

2. 无线模块配置

智能鼠的无线模块采用运行代码的方式完成配置。具体而言，通过在相应编程环境中运行特定代码，即可对智能鼠无线模块的各项参数进行设定，从而满足与虚拟仿真接收器通信及系统功能实现的要求。

```
import machine
import time
def config(ID = 255, RFCH = 1):
    """ 配置 网络ID和信道 """
    # ID = 255  # 网络ID
    # RFCH = 1  # 信道
    uart = machine.UART(1, baudrate=115200, tx=19, rx=21)
    cmd = 'AT+MODE=0\r\n'
    while 1:
        uart.write(cmd.encode('utf8'))
        time.sleep_ms(100)
        print('尝试进入指令模式')
        if uart.any():
            tmp = uart.read()
            if tmp == b’OK\r\n’:
                print('进入指令模式')
                break
    uart.write(f'AT+PID={ID}\r\n'.encode('utf8'))
    time.sleep_ms(100)
    if uart.any():
        tmp = uart.read()
        res = tmp.decode().strip('\r\n')
        print(f'网络ID {ID} 设置 {res}')

    uart.write(f'AT+RFCH={RFCH}\r\n'.encode('utf8'))
    time.sleep_ms(100)
    if uart.any():
        tmp = uart.read()
        res = tmp.decode().strip('\r\n')
        print(f'信道 {RFCH} 设置 {res}')

    uart.write('AT+MODE=1\r\n'.encode('utf8'))
    time.sleep_ms(100)
```

```
    if uart.any():
        res = uart.read()
        print('退出指令模式，进入透传模式')
    uart.deinit()
```

执行config()函数时，若传入的网络ID和信道与接收器的一致，且出现图3-4-25所示信息，则表明设置成功。

```
>>> %Run -c $EDITOR_CONTENT

 MPY: soft reboot
 尝试进入指令模式
 进入指令模式
 网络ID 255 设置 OK
 信道 1 设置 OK
 退出指令模式，进入透传模式

>>>
```

图3-4-25　配置成功

3. 通信测试

当接收器和无线模块都完成配置后，可以通过一段程序对两者之间的通信情况进行测试。在智能鼠端运行以下程序：

```
import machine
import time
def communication(cmd=None, count=5):
    """ 通信测试 """
    uart = machine.UART(1, baudrate=115200, tx=19, rx=21)
    if cmd==None:
        cmd = b'\x01\x02\x03\x04'
    for i in range(count):
        uart.write(cmd)
        time.sleep_ms(100)
        if uart.any():
            tmp = uart.read()
            print(tmp)
communication()
```

若“无线模块配置工具”中呈现图3-4-26所示信息，则表明通信已成功建立。

图3-4-26　通信成功

二、数据处理

1. 数据发送

在智能鼠运行过程中，需将采集到的数据，包括传感器数据、编码器数据、陀螺仪数据，自身计算得出的数据，如x坐标、y坐标，以及初始化数据（mouseid），全部传输至虚拟仿真接收器。

数据发送所使用的函数具体如下：

```
    def report(uart, x, y, a0, a1, a4, gyro, left, right, mouseid):
        reserve = b'\x01'  # 保留字节
        cmd = b''.join((x.to_bytes(1, 'big'), y.to_bytes(1, 'big'),
                    a0.to_bytes(2, 'big'), a1.to_bytes(2,
'big'), a4.to_bytes(2, 'big'),
                    int(gyro).to_bytes(2, 'big'), left.to_
bytes(2, 'big'), right.to_bytes(2, 'big'),
```

```
                    mouseid.to_bytes(1, 'big'), reserve
                    ))  # 16个字节
    uart.write(b''.join((b'\xff', cmd, b'\xfd')))  # 添加帧头帧
尾，共18个字节
    time.sleep_ms(10)
```

为确保仿真模型运动具备连贯性，智能鼠在运行的各个阶段，诸如循迹直行、转弯等过程中，都需持续发送数据。正因如此，在本篇项目三任务二基本程序结构解析中，会发现程序中多次调用了report()函数。

2. 数据渲染

虚拟仿真评测系统通过串口读取接收器所接收的数据，并尝试进行还原。若数据格式正确，便能获取智能鼠的各项数值。该系统内置成熟的 WebGL 渲染技术，可快速、便捷地将数据渲染显示出来，如图3-4-27所示。其主要包含三个组件：

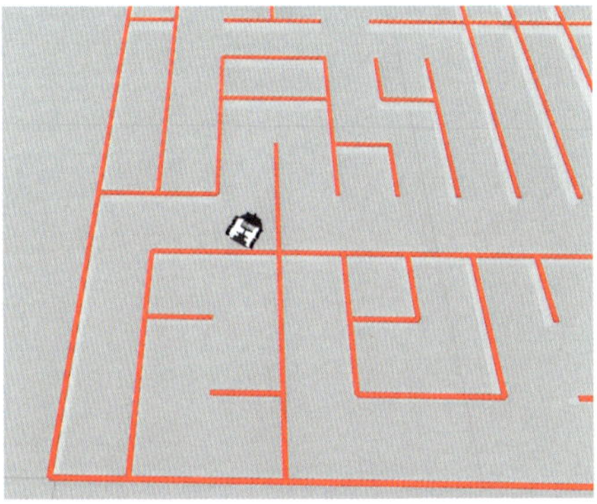

图3-4-27　数据渲染

（1）场景（scene）：如同一个舞台，用于容纳所有待渲染的3D对象，如几何体、光源、摄像机等，所有元素都在此舞台上展示。

（2）摄像机（camera）：决定观察场景的视角。常见类型有透视摄像机（perspective camera）和正交摄像机（orthographic camera）。透视摄像机模拟人眼视觉效果，呈现近大远小的透视关系；正交摄像机则无透视效果，物体大小不随距离改变。

（3）几何体（geometry）：用于定义3D对象的形状，像立方体、球体、圆柱体等，同时支持自定义几何体。

在虚拟仿真评测系统中，整个3D场景由“场景”组件定义，系统界面上呈现的图像是“摄像机”拍摄的画面，而“几何体”则代表3D场景中的3D对象，例如迷宫墙壁和智能鼠。当系统成功解析数据后，即可调用内部处理程

序，控制“几何体”（智能鼠）进行平移、旋转，同时操控“摄像机”转向不同方向。

思考与总结

（1）虚拟仿真评测系统与智能鼠之间怎样搭建起有效的数据传输通道，从而实现两者的数据互通？

（2）在虚拟仿真评测系统与智能鼠进行数据互传时，应采用何种方法来校验传输的数据是否准确无误？

（3）虚拟仿真评测系统不仅能够在虚拟场景中对物理实体的各项功能展开测试，还可借助数字孪生技术，完整呈现物理实体的全生命周期，为物理实体在优化、预测及决策等方面提供有力支持。

附　录

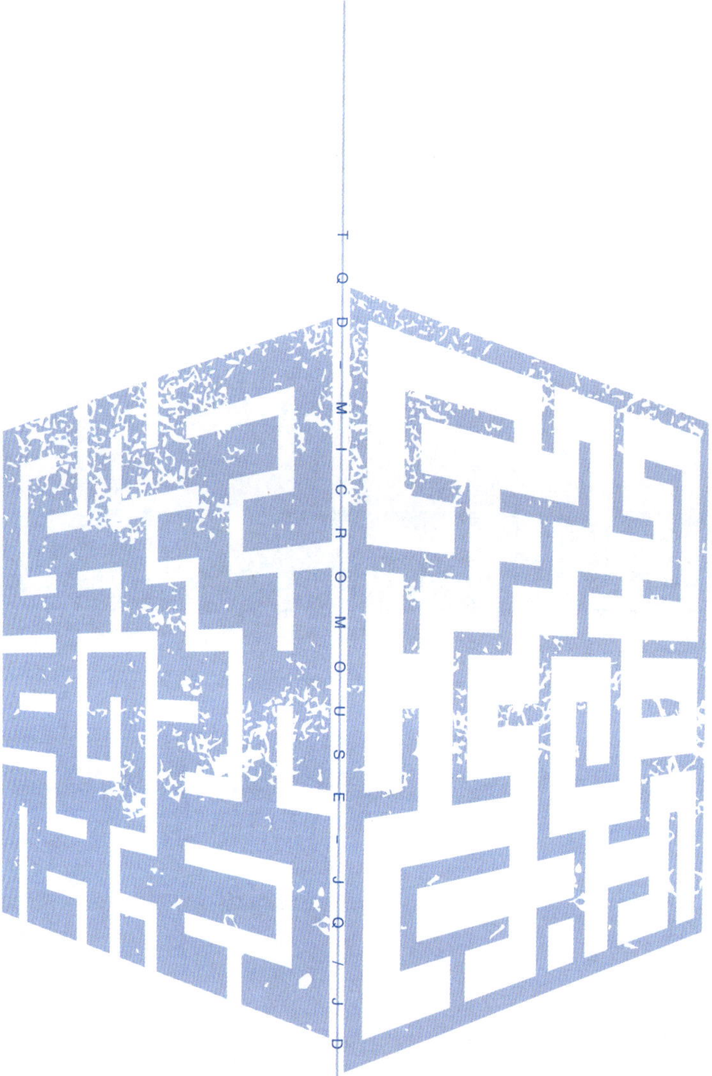
TQD_MICROMOUSE_JQ/JD/JM

附录A

风靡全球的国际智能鼠走迷宫竞赛

2019年是智能鼠走迷宫竞赛有史以来，最具兴盛发展、硕果累累的一年，在世界各地如火如荼地举行国际智能鼠走迷宫竞赛，如图A-1所示。

1月，在印度孟买举办印度智能鼠国际竞赛。

3月，在美国加利福尼亚州举办APEC国际智能鼠竞赛。

4月，在葡萄牙Gondomar（贡多马尔）举办国际智能鼠走迷宫竞赛。

5月，在中国天津举办IEEE智能鼠走迷宫国际邀请赛。

6月，在英国伦敦举办智能鼠国际竞赛。

8月，在智利举办智能鼠走迷宫国际竞赛。

10月，在埃及举办埃及智能鼠国际竞赛。

11月，在日本东京举办全日本智能鼠国际公开赛。

图A-1　国际智能鼠竞赛赛事安排

在人工智能浪潮澎湃的当下，智能鼠走迷宫竞赛作为其中极具活力的一分子，在国际上掀起了创新与学习的热潮，为教育生态的重塑和产业的迭代升级注入了动力源泉。国际智能鼠走迷宫竞赛，以其极具前瞻性的赛制设计、前沿的技术应用场景，已然成为推动高等教育迈向卓越、职业教育实现精准对接、普通教育融入创新思维，以及促进技术创新与产教深度融合的驱动力。

从学生成长角度来看，赛事为他们构筑了一个全方位提升专业综合能力的优质平台。在竞赛过程中，学生们能够将课堂所学的理论知识巧妙地运用到复杂多变的实际操作中，实现从理论到实践的完美跨越。同时，激烈的竞赛氛围也激发着学生们的创新潜能，促使他们在不断尝试与探索中积累宝贵的创新经验，为未来投身于多元化的社会发展做好充分准备。

从产业发展层面而言，赛事的引入为产教融合开辟了全新的路径。它打破了教育与产业之间的壁垒，促进双方紧密互动、深度协作，依据产业需求精准培育专业人才，源源不断地为行业、产业和企业输送具有创新精神和实践能力的优秀种子。这些高素质人才不仅能够快速适应产业发展的新趋势、新要求，还能凭借自身的专业优势为产业发展注入新的活力，推动相关领域持续向前发展。

接下来，让我们一同走进精彩纷呈的智能鼠走迷宫竞赛世界，领略来自全球各国独具特色的赛事魅力，感受科技与创意在智能鼠走迷宫竞赛的激情碰撞。

一、中国IEEE智能鼠走迷宫国际邀请赛

1. 引入与改革

2009年，天津启诚伟业科技有限公司将IEEE智能鼠走迷宫竞赛引入中国，联合专家教授实施本土化创新改革。在竞赛规则方面，融入契合中国学生知识体系和思维习惯的考核要点，激发选手运用知识解决实际问题的能力；技术应用上，鼓励团队结合国内先进技术，推动智能鼠性能突破，为产业发展提供新思路，助力产业优化升级，引领高技术、高技能人才培养。

2. 赛事举办与发展

2016—2020年，由天津市教育委员会主办，天津启诚伟业科技有限公司和天津渤海职业技术学院共同承办的中国IEEE智能鼠走迷宫国际邀请赛，连续成功举办五届，规模和影响力逐年递增，如图A-2所示。赛事设置“中学、高

职、本科、硕士、精英”五个组别，紧密贴合中国教育体系和职业发展路径，分别从激发兴趣、提升实践、鼓励创新和促进交流等角度，提升了大赛的社会参与度和专业覆盖面，挖掘出更多创新人才。竞赛的参赛群体十分广泛，既面向在校大学生也涵盖青少年，以及职业人士，充分体现了贯通式培养与终身教育的特点。此外，国际智能鼠专业级选手和历届国际智能鼠竞赛获奖选手也积极参与，为赛事增添了更多专业性和竞技性，如图A-3所示。

图A-2　从2016年开始举办“中国IEEE智能鼠走迷宫国际邀请赛”

图A-3　智能鼠国际专家在比赛现场进行培训指导

国际影响力提升：2019年，智能鼠走迷宫竞赛在全球蓬勃发展，中国的智能鼠走迷宫竞赛凭借本土化创新成果和广泛社会影响力，在国际舞台上大放异彩。中国选手运用自主研发的智能鼠，在复杂迷宫中精准导航，展现出扎实技术功底和创新思维，彰显中国在智能技术教育与实践方面的卓越成就。

技术创新与跨越：2020年，全球数字化进程加速，新一代信息技术重塑教育形态。智能鼠走迷宫竞赛将人工智能、虚拟仿真等数字技术应用于国际竞赛之中，开发出智能鼠虚拟仿真评测系统。经过大量实践活动的迭代积累，实现了智能鼠在虚拟与现实之间的高效互动，推动竞赛从单纯的智能控制迈向虚实结合的数字孪生技术，丰富了竞赛形式，为科技教育带来全新教学与实践思路。

3. 竞赛特点

（1）参赛群体：既面对在校大学生，也面对小学、中学和职业人士，体现贯通式培养，终身教育的特点。还包括国际智能鼠专业级选手和历届国际智能鼠竞赛获奖选手。

（2）迷宫场地：既有面向中小学的8×8智能鼠迷宫场地，也有面向大专院校的16×16全迷宫古典智能鼠场地；更有面对精英选手的25×32半尺寸智能鼠迷宫场地。体现竞赛的延展性，以智能鼠走迷宫竞赛为核心形式，不同学习阶段的学生都可以参赛。

（3）竞赛项目：既有智能鼠走迷宫赛项，又有自走车赛项，体现了竞赛既有技术性也有工程性，以工程应用为导向的竞赛思想。

（4）竞赛规则：普通教育、职业教育、高等教育、职业精英竞赛规则的相同点和差异点对比见表A-1。

表A-1 竞赛规则相同点和差异点对比

参赛类别	青少年组	职业教育组	高等教育组	职业精英组
竞赛 形式	（1）程序参数APP在线调试。 （2）图形化趣味编程。 （3）IOT智能传感技术应用。 （4）8×8迷宫竞速	（1）理论知识考核。 （2）根据裁判现场任务编程并实现相应功能。 （3）现场技术答辩。 （4）16×16古典迷宫竞速	（1）DIY外观及结构设计。 （2）硬件技术创新。 （3）程序算法创新。 （4）16×16古典迷宫竞速	（1）DIY外观及结构设计。 （2）硬件技术创新。 （3）程序算法创新。 （4）25×32半尺寸迷宫竞速
竞赛 内容	（1）组装任务10%。 （2）调试任务40%。 （3）竞速任务50%	（1）理论考核20%。 （2）创新赛30%。 （3）竞速赛50%	（1）创新赛20%。 （2）竞速赛80%	竞速赛100%

二、美国APEC世界智能鼠竞赛

1977年在美国纽约举行的首场令人震撼的智能鼠走迷宫竞赛，由IEEE与APEC共同主办。于是诞生了国际上最具影响力的美国APEC世界智能鼠走迷宫竞赛。被誉为智能鼠世界三大赛事之一。

美国APEC世界智能鼠竞赛官网截屏，如图A-4所示。

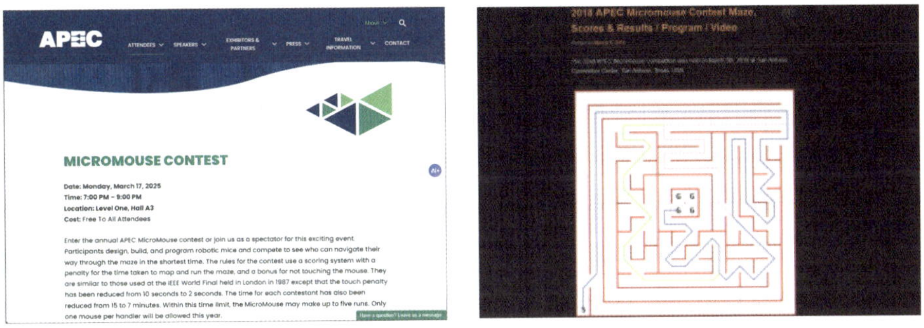

（a）　　　　（b）

图A-4　美国APEC世界智能鼠竞赛官网截屏

竞赛时间：每年2月到4月之间。

竞赛地点：每年不同（举办过的地点包括北卡罗来纳州、得克萨斯州、佛罗里达州、加利福尼亚州等），每年都会有来自美国、英国、日本、韩国、新加坡、印度、中国等国家的选手踊跃参赛，如图A-5所示。

图A-5　中国选手参加第30届美国APEC世界智能鼠竞赛

三、英国智能鼠国际竞赛

从1980年至今，英国智能鼠国际竞赛已经成长为国际知名的智能鼠竞赛之一。

竞赛时间：每年4月至6月。

竞赛地点：英国伯明翰城市大学。

竞赛规则：在16×16迷宫中，参赛智能鼠需要完成从起点到终点的搜索和全迷宫的遍历，求解最佳路线并完成由起点到终点的冲刺。计分时间=搜索时间（第一次搜索到终点的时间）/30+冲刺时间（完成起点到终点最短路径的高速冲刺）+惩罚时间（撞挡板罚时3 s/次）。

主办方与参赛群体：由英国智能鼠和机器人协会主办，秉持重在参与的理念。参赛群体极为广泛，从中学生、大学生到社会人员，任何人都有机会参赛。为确保公平竞争，所有参赛队员按不同水平分为多个组别，同时迷宫难度也会根据组别进行适当调整，让不同层次的选手都能在竞赛中挑战自我、收获成长。

竞赛项目：设有line follower（循线追踪）、wall follower（沿墙行走）、maze solver（迷宫求解）等项目，丰富多样的项目充分考验参赛智能鼠的综合性能，吸引了来自全球10余个国家的50余支队伍踊跃参与，赛事竞争激烈，精彩纷呈。

英国智能鼠国际竞赛官网截屏，如图A-6所示。

图A-6　英国智能鼠国际竞赛官网截屏

四、全日本智能鼠国际公开赛

从1980年至2024年，全日本智能鼠国际公开赛已成功举办40余届，在国际智能鼠竞赛领域久负盛名。

竞赛时间：每年11月至12月。

竞赛地点：日本东京。

全日本智能鼠国际公开赛官网截屏，如图A-7所示。

图A-7　全日本智能鼠国际公开赛官网截屏

方便参赛队伍和爱好者获取赛事信息。

参赛队伍：每年都有来自美国、英国、日本、新加坡、中国、蒙古、智利、葡萄牙等二十多个国家的智能鼠参赛队参与角逐，如图A-8所示，国际影响力极强。参赛队由中学生、大学生和职业精英组成，参赛队伍多达300多支，充分展现了赛事的广泛参与度和强大吸引力。

竞赛项目：赛项丰富，包含古典智能鼠赛项、半尺寸智能鼠赛项、自走车赛项，全面考验参赛智能鼠及团队的技术水平。该赛事展示了当今国际智能鼠技术领域的最高水平和最强技术实力，因此备受全球关注，成为智能鼠技术领域的年度盛会。

图A-8　第39届全日本智能鼠国际公开赛颁奖照片

五、智利智能鼠走迷宫国际竞赛

智利外交部希望借助国际智能鼠走迷宫竞赛这一平台，激发智利青少年的科技创新热情，同时促进国际的技术创新交流与合作，进而为智利经济发展注入新动力。2018年12月3日，正值全日本智能鼠国际公开赛举办期间，召开了“智利智能鼠走迷宫国际竞赛研讨会”。此次研讨会特别邀请了来自美国的David Otten、英国的Peter Harrison、日本的中川友纪子、中国的宋立红以及智利的Benjamin等国际智能鼠领域的专家，共同商讨智利智能鼠走迷宫国际竞赛的统一标准和规范，如图A-9、图A-10所示。

图A-9 专家共同探讨智能鼠发展

图A-10 2018年智利智能鼠走迷宫国际竞赛规则研讨会

六、葡萄牙智能鼠走迷宫国际竞赛

该竞赛作为机器人领域中别具特色的国际赛事，在推动科技教育与创新方面发挥着重要作用。它由葡萄牙杜罗大学技术执行委员会主办，自2011年创办以来，始终秉持着为参与者提供完整技术学习环境、培养创造力与综合能力的宗旨。截至2025年，这项赛事已在葡萄牙成功举办了10余届，规模和影响力与日俱增。

竞赛时间：每年4月至5月。

竞赛地点：葡萄牙。

葡萄牙智能鼠国际竞赛官网截屏，如图A-11所示。

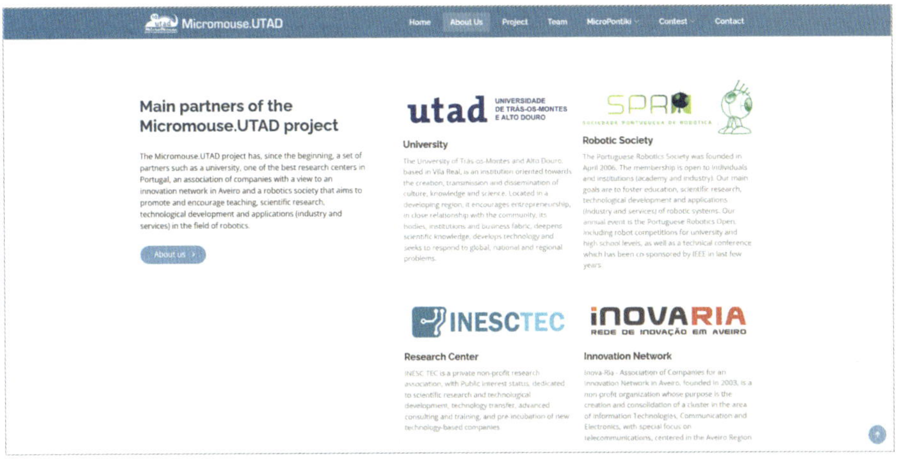

图A-11　葡萄牙智能鼠国际竞赛官网截屏

2019年4月27日，Gondomar（贡多马尔）迎来了备受瞩目的国际智能鼠走迷宫竞赛。当地时间18时整，在葡萄牙波尔图体育馆内，气氛紧张而热烈。来自英国、中国、葡萄牙、西班牙、巴西、新加坡等多个国家的参赛队齐聚一堂，展开激烈角逐。

比赛过程中，中国的启诚智能鼠表现格外亮眼。它凭借稳健的搜索策略和极速的冲刺能力，在迷宫中精准穿梭。当中国智能鼠冲向终点时，现场观众的掌声和欢呼声如雷鸣般响起。最终，启诚智能鼠不负众望，取得了世界亚军的突破性成果，为中国在该赛事中赢得了极高荣誉，如图A-12所示。

赛后，葡萄牙智能鼠走迷宫竞赛组委会主席安东尼奥称赞道：“近年来，中国的综合国力和技术实力不断提升，尤其是在教育领域，对科技创新和工程素养的重视程度日益增加。中国智能鼠首次参加葡萄牙智能鼠走迷宫竞赛，就能获得如此优异的成绩，实在令人欣喜，值得祝贺。”这场比赛不仅是各国智能鼠技术的较量，更是国际科技交流与合作的良好契机，有力地推动了机器人技术的发展与进步，如图A-13所示。

图A-12　启诚智能鼠荣获葡萄牙智能鼠走迷宫竞赛世界亚军

图A-13　中国及葡萄牙智能鼠走迷宫竞赛专家现场技术交流

七、印度智能鼠国际竞赛

印度青年亚洲科技节是一场汇聚了各国科技智慧的盛会。其中“2020年第23届亚洲科技节首届智能鼠走迷宫国际大赛”备受瞩目。

2020年1月4日，这场大赛在印度孟买盛大举行，如图A-14所示。印度、中国、澳大利亚、尼泊尔、斯里兰卡等国家的众多代表队齐聚于此，展开激烈的角逐。在这场高手云集的竞赛中，中国天津代表队展现出超强实力，凭借卓越的技术和出色的策略，力克其他对手，以绝对优势包揽了“金、银、铜”全部奖牌，同时将17.5万卢比的奖金收入囊中，成为赛场上的焦点。

图A-14　印度智能鼠国际竞赛参赛队合影

竞赛时间：每年1月至2月。

竞赛地点：印度孟买。

在本届大赛中，印度金奈理工学院鲁班工坊代表队表现十分亮眼，如图A-15所示。他们使用2017年天津轻工职业技术学院通过鲁班工坊特别赠送的TQD-Micromouse智能鼠，参加本届比赛，一路过关斩将，最终荣获印度国内大赛冠军以及世界精英组第四名的好成绩，还赢得了5 000卢比的奖金，成为印度国际智能鼠走迷宫竞赛中的明星赛队。

印度鲁班工坊指导教师卡西克表示，金奈理工学院鲁班工坊代表队能取得如此优异的成绩，离不开鲁班工坊师生三年来的不懈努力，也离不开支持企业天津启诚伟业科技有限公司技术工程师的大力支持。这场比赛不仅是技术的较量，更是国际科技教育交流与合作成果的生动展现，为推动智能鼠技术的发展起到了积极作用。

图A-15　印度鲁班工坊参赛师生合影

八、埃及智能鼠国际竞赛

电气电子工程师学会（IEEE）希勒万技术学院学生分会（IEEE HTi-SB）是埃及地区首个成立的学生分会。该分会成绩斐然，不仅成功举办多场学术会议，更是埃及首届智能鼠竞赛的创办者。其始终致力于成为顶尖技术团体，积极传播知识，全力促进学生群体的全面发展。通过持续举办反映最新技术的高质量活动，目标是培育出一批能够精准对接行业需求的专业人才。近期举办的活动涵盖电子设计竞赛、软件开发、自主式机械机器人竞赛、编程等多个领域，如图A-16所示。

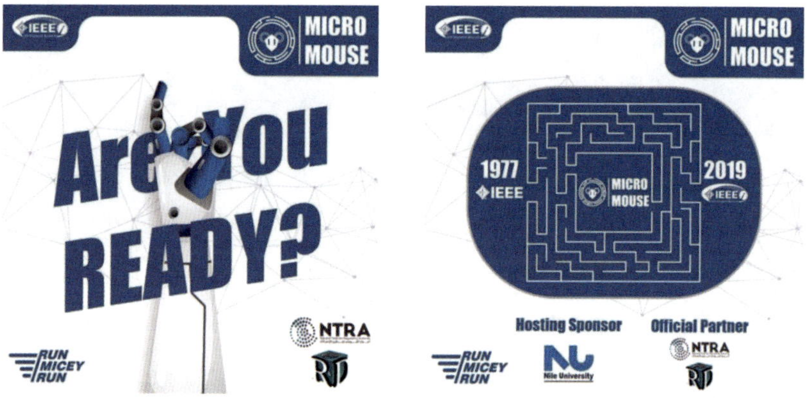

图A-16　埃及智能鼠国际竞赛

参赛人员：参赛队由来自埃及国内或国际的工程学或相关专业学生组成，高中生也可参与。每支参赛队最多允许两名学生。

奖励设置：一等奖奖金为2 500埃磅，二等奖奖金为1 500埃磅，三等奖奖金为500埃磅，另外，最佳设计还能获得500埃磅。这一奖励机制有效激励了参赛选手积极创新、展现才华。

如今，智能鼠走迷宫竞赛已成为埃及教育领域系统化培养和教育的重要载体。它融合多学科知识，演绎“工程”课程概念，扩展“创新”课程理念。学生通过实践活动深入理解多学科知识融合应用，教师也转变授课方式，着眼于学生综合素质培养，创造快乐素质教育，为科技教育开辟独具特色的发展道路。埃及智能鼠国际竞赛纪实照片如图A-17所示。

图A-17　埃及智能鼠国际竞赛纪实照片

附录B

进阶级经典竞赛案例分析

IEEE 国际标准智能鼠走迷宫竞赛，作为一项极具挑战性与趣味性的学生赛事，在国内外享有颇高的知名度与影响力。该竞赛项目技术覆盖面极为广泛，囊括了物联网应用技术、电子信息工程技术、嵌入式技术、通信技术、软件技术、计算机网络技术、信息安全技术、移动通信技术、计算机应用技术、应用电子技术、计算机控制技术、机电一体化技术、自动化技术等众多专业领域。其涉及的技能与综合职业素养，涵盖了传感器检测、人工智能、自动控制以及机电运动部件应用等多个方面。这一竞赛全面彰显了高等教育与职业教育的发展水平，对于提升电子信息类高素质、高技能应用型人才的培养质量发挥着重要作用。

随着时代的发展，科技的进步，智能鼠顺应现代科技发展，经过多年的蜕变与优化，已经成为集人工智能、嵌入式、智能传感等融合新技术于一体的优秀实训教育平台。

竞赛有力地推动了电子信息行业企业人才能力需求的发展。顺应科技发展潮流，竞赛内容融入了嵌入式技术开发、智能算法优化等前沿先进技术，进一步深化了校企合作。这促使电子信息类专业积极开展单片机应用、嵌入式技术应用、物联网技术应用等课程建设与教学改革，推动了创新型人才培养模式的发展，增强了电子信息类专业学生的就业竞争力。同时，竞赛还大力推进了创新创业教育，强化了创业指导与服务，提升了整体就业水平。

随着时代的演进与科技的进步，智能鼠历经多年的蜕变与优化，已发展成为融合人工智能、嵌入式、智能传感等新技术的卓越实训教育平台。四十余年来，IEEE每年都会举办一届国际性的智能鼠走迷宫竞赛。自赛事开办以来，全球各个国家和地区的学生踊跃参与，尤其是美国和欧洲国家的高校学生表现活跃。鉴于此，部分大学还专门开设了“智能鼠原理与制作”选修课程。

下面将以具有代表性的国内外智能鼠走迷宫竞赛典型迷宫地图为例，展开详细的解析说明。

一、美国APEC世界智能鼠竞赛迷宫分析

2015年3月16日，备受瞩目的第30届美国APEC世界智能鼠竞赛在热烈氛围中圆满落下帷幕。天津启诚伟业科技有限公司带领天津大学生联合代表队参加本次竞赛，在竞赛期间，天津代表队凭借扎实的专业知识、创新的技术应用以及顽强拼搏的精神，充分展示了天津智能鼠技术的独特魅力。此次参赛，不仅让天津的智能鼠技术成功接轨国际前沿，更是在天津智能鼠发展历程中留下了浓墨重彩的一笔。它标志着天津智能鼠领域实现了重大突破，成为从本土探索迈向国际交流与竞争的关键转折点，具有不可估量的里程碑式深远意义，为后续天津在该领域的深入研究与发展奠定了坚实基础。

第30届美国APEC世界智能鼠竞赛堪称一届极为成功的赛事。在技术革新方面，传感器实现了从数字型向模拟型的关键过渡，运动结构也由步进电动机逐步向空心杯直流电动机演进，竞赛中更是涌现出融合吸地风扇设计的创新型智能鼠，展现出行业前沿的技术探索趋势，如图B-1、图B-2所示。

图B-1　组委会主席David Otten教授

图B-2　日本选手宇都宫正和

从竞赛所采用的迷宫设计来看，整体难度把控精准且均衡。迷宫内部路径丰富多样，设有长直道区域，能够充分检验智能鼠的高速运动性能；同时具备适中的连续转弯路段，对智能鼠的精确控制能力提出了严苛挑战，如图B-3所示。这样精心设计的迷宫，为参赛队伍全方位展示智能鼠的综合性能提供了理想平台，极大地提升了竞赛的竞技性与观赏性。

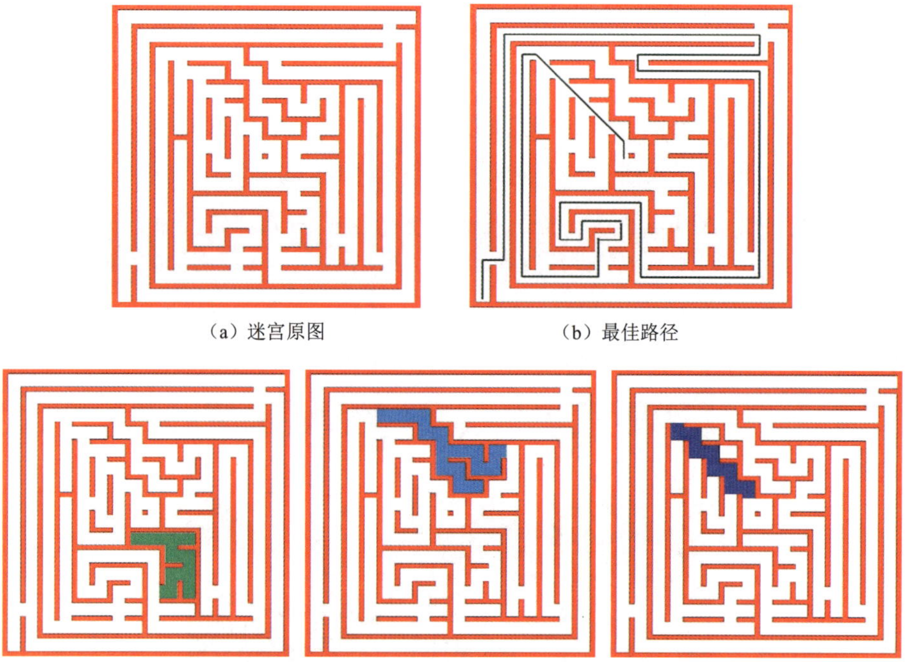

（a）迷宫原图　（b）最佳路径

（c）关键技术点A　（d）关键技术点 B　（e）关键技术点 C

图B-3　迷宫图解析

关键技术点A：该技术点由三个“⊥”组合构建，通过不同朝向的排列，形成了复杂度颇高的图形。这对智能鼠提出了双重考验：一方面，高度依赖智能鼠传感器检测的精准度；另一方面，对其转弯的精确控制能力要求严苛。由于图形中转弯频率高且方向多变，智能鼠在连续转弯过程中，几乎没有时间进行车姿校正。一旦智能鼠的传感器检测出现偏差，或是转弯角度出现失误，便极难成功通过该区域。

关键技术点B：历经四十余载发展，智能鼠算法已高度智能化，但其核心思路仍围绕朝向终点运动。关键技术点B设计了一条虚假的终点路径。当智能鼠误判此路径为终点并进入后，必须成功完成该路径的挑战。此路径包含多个转弯组合以及凹字形状路段，难度较大，对智能鼠的红外检测精度以及转弯参数设定的准确性是极大的考验。

关键技术点C：此为智能鼠进入终点的必经区域，难点集中于连续转弯。在C区域，智能鼠有两种行进策略可供选择：

策略一：沿对角斜线抵达终点。智能鼠可采用45°转弯沿斜线行进，也可通过多次90°连续转弯最终抵达终点。

策略二：经由下方区域，先直行再进行90°转弯，从而到达终点。

两种策略各有优劣。若智能鼠具备稳定的45°行走能力，选择沿斜线直通终点更为高效；反之，建议采用第二种策略，以确保稳定通过该区域进入终点。

二、世界职业院校技能大赛迷宫分析

2022年8月11日，首届世界职业院校技能大赛“迷宫机器人”赛项正式拉开帷幕，如图B-4所示。本次大赛由教育部、发展和改革委员会、科学技术部、工业和信息化部、天津市人民政府等35家单位联合主办，天津市教育委员会、天津市教育科学研究院、天津渤海化工集团有限公司具体承办，天津渤海职业技术学院、天津启诚伟业科技有限公司全力协办。

图B-4　2022年首届世界职业院校技能大赛

来自中国、赤道几内亚、贝宁、也门、埃塞俄比亚、苏丹、刚果、塞拉利昂、津巴布韦等多个国家的选手组成“混合战队”，在线上赛场展开了激烈角逐。本届大赛内容涵盖虚拟仿真竞赛与实际迷宫竞赛两个紧密关联的模块，如图B-5、图B-6所示。二者相互呼应，构建起仿真模拟与实际验证的闭环，生动诠释了数字孪生理念。在比赛进程中，全程由竞赛选手自主完成搭建迷宫、编写程序、操作智能鼠以及操作计分系统等任务，充分展现竞赛选手的专业技能与自主创新能力。与此同时，裁判通过远程监督方式进行评分，有效保障了评分过程的客观性与公正性。

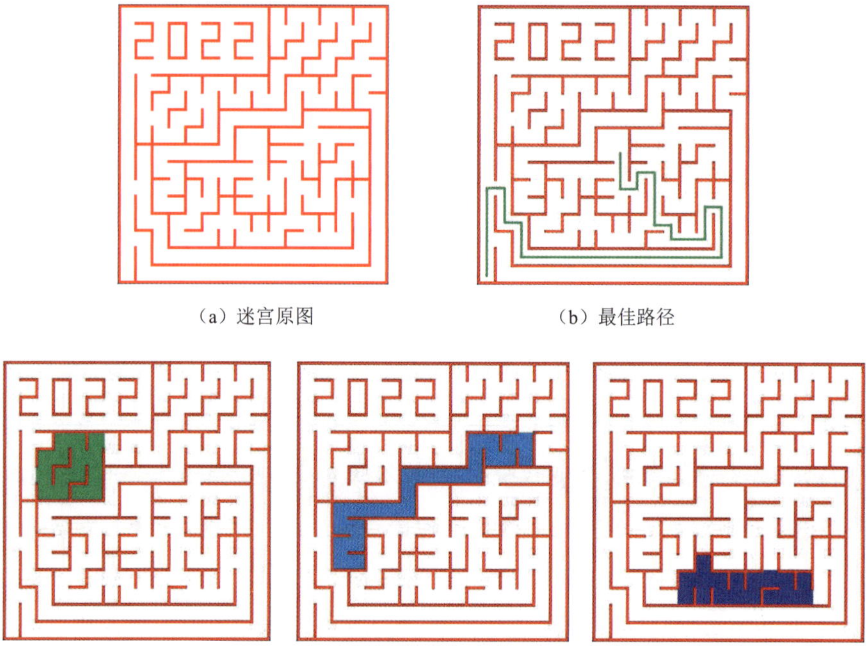

（a）迷宫原图　（b）最佳路径

（c）关键技术点A　（d）关键技术点 B　（e）关键技术点 C

图B-5　古典迷宫图解析

图B-6　虚拟仿真赛道迷宫图

关键技术点A：绿色区域为智能鼠必然搜索的范围，其采用阶梯状与环形相结合的独特设计，极大地增加了智能鼠的搜索难度。在此区域，智能鼠需具备卓越的逻辑控制能力，以规划合理的搜索路径，同时对数据存取的高效性与准确性也有着极高要求。

关键技术点B：蓝色区域呈完全封闭状态，从整体难度而言相对较低。然而，当智能鼠进入该区域后，会面临大量无实际意义的搜索动作以及频繁转弯。唯有成功遍历该区域并顺利退出，智能鼠方可继续对其他区域展开搜索，这对智能鼠路径规划与决策能力提出了一定考验。

关键技术点C：此区域是智能鼠在抵达终点前的必经之路，其中包含大量急转且方向相反的弯道。这种复杂的路径设置，对智能鼠的运动控制精度与响应速度构成了严峻挑战，要求机器人能够迅速且精准地调整行进方向与速度，以确保顺利通过该区域，成功迈向终点。

视频

“启诚杯”天津市大学生智能鼠走迷宫竞赛

三、“启诚杯”京津冀大学生人工智能电脑鼠竞赛迷宫分析

2024年12月1日，第十三届“启诚杯”京津冀大学生人工智能电脑鼠竞赛于南开大学成功举办，如图B-7所示。本届竞赛由天津市教育委员会主办，南开大学承办，天津启诚伟业科技有限公司予以冠名赞助。大赛吸引了来自京津冀地区19所高等学府520支参赛队伍，其中包括天津大学、南开大学、北京交通大学、河北工业大学等。他们在赛场上展开了激烈角逐。

图B-7　2024年“启诚杯”京津冀大学生人工智能电脑鼠竞赛

大赛的成功举办，不仅直观展现出京津冀三地高等教育在创新能力提升方面的卓越成果，更充分彰显了三地深度整合资源优势，扎实推进教育协同发展所取得的丰硕成绩。

值得关注的是，本届竞赛在保留古典赛道的基础上，首次创新增设任务赛道，并采用群智接力赛形式，如图B-8、图B-9所示。该赛道依据多机协同、相互通信、任务分配、路径优化等技术特性精心设置赛程任务，有力推动了学科竞赛的创新发展。新赛道深度融合电子工程、自动控制、人工智能等多学科专业知识，突破了传统竞赛的时空限制，巧妙融合线上与线下竞赛模式，切实将数智赋能理念贯彻到教育与竞赛实践当中。

（a）迷宫原图　　（b）路径图

图B-8　古典迷宫图解析

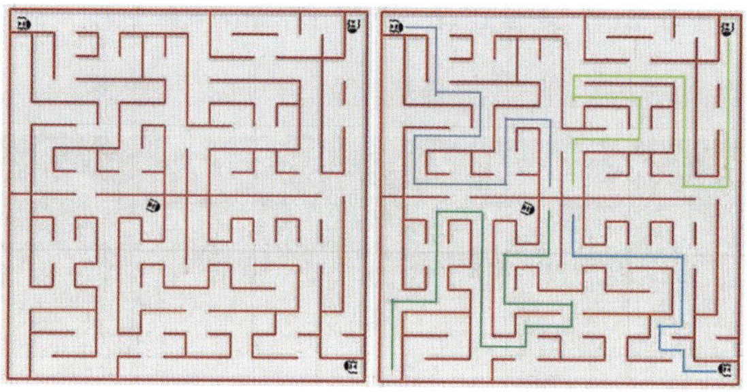

（a）迷宫原图　　（b）路径图

图B-9　任务赛道迷宫图解析

关键技术点A：在多机协同工作的情境下，数据传输成为首要攻克的难题。对智能鼠运行进程而言，无线传输是唯一可行的方式。Wi-Fi、Bluetooth以及2.4 GHz透传各有优劣。然而，置身走迷宫场景中，综合考量速度、准确度以及片上资源等因素，2.4 GHz透传凭借其独特优势，成为更为适配的选择。它能够在保障数据高效传输的同时，最大程度契合智能鼠的硬件条件与实际需求。

关键技术点B：完成无线通信后，数据验证环节不容忽视。迷宫地图资料的存储与校验工作，必须严谨对待。稍有疏忽，便极有可能致使结果大相径庭。精准的地图资料是智能鼠成功搜索迷宫的重要基石，任何错误或偏差都可能误导智能鼠的行进方向，进而影响整个比赛成绩。因此，需构建完善的数据验证机制，确保迷宫地图资料的准确性与完整性。

关键技术点C：当智能鼠接收到上一辆智能鼠传输的资料后，面临一个关键抉择：是优先沿用前智能鼠资料展开运行，还是凭借自身搜索资料进行行动。这一选择颇为矛盾，不同决策将使智能鼠的运行轨迹产生显著差异。为妥善解决这一问题，开发逻辑性更强、适应性更广的搜索算法势在必行。该算法应能依据实际情况，智能判断并灵活选取最优策略，助力智能鼠高效、准确地完成迷宫搜索任务。

四、世界智能鼠经典赛事迷宫范例

世界智能鼠经典赛事的迷宫范例如图B-10～图B-12所示，这些迷宫在设计上融合了复杂路径规划、独特空间布局等元素，为智能鼠竞赛提供了多样化的挑战场景，充分考验参赛智能鼠在路径探索、决策制定以及运动控制等方面的综合能力。

图B-10　2012年全日本智能鼠国际公开赛（新生赛和专家赛）

图B-11　2000年英国UK智能鼠国际邀请赛

图B-12　2002年美国APEC智能鼠国际大赛

附录C

TQD-Micromouse JS器件清单

TQD-Micromouse JS的器件清单见表C-1。清单内包含设备组装、维护及性能优化所需的各类器件信息。

表C-1　器件清单

序　号	名　称	数　量	备　注
1	TQD-Micromouse JS	1	
2	接收器	1	
3	专用锂电池	1	
4	USB充电线	1	
5	USB数据线	1	
6	资料光盘	1	

附录D

教学内容

教学内容见表D-1。

表D-1　教学内容

序　号	内　容
第一篇　基础知识篇	项目一　智能鼠的发展历程 项目二　智能鼠的硬件结构 项目三　智能鼠的开发环境 项目四　智能鼠的基本功能操作
第二篇　综合实践篇	项目一　智能鼠高级功能 项目二　智能鼠实战任务
第三篇　拓展竞技篇	项目一　智能鼠的路径规划和行为决策算法 项目二　智能鼠路径规划的原理 项目三　智能鼠走迷宫程序设计 项目四　智能鼠数字孪生
总计	

附录E

电路图形符号对照表

电路图形符号的对照表见表E-1。该表对各类电路图形符号进行了系统整理与对应标注，为相关人员在识读、绘制电路原理图等工作中提供了直观且精准的参考。

表E-1　电路图形符号对照表

序号	名称	国家标准的画法	软件中的画法
1	发光二极管		
2	二极管	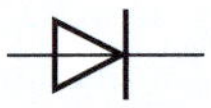	
3	电解电容元件	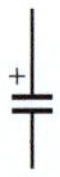	
4	接地		
5	按钮开关	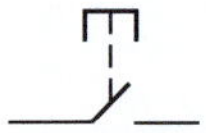	
6	可调电阻元件	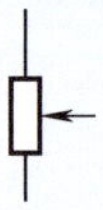	

附录F

"智能鼠原理与制作"国际实训课程标准

一、适用专业

电子信息类专业、计算机类专业、自动化类专业等。

包含：电子信息工程技术（专业代码 510101）、物联网应用技术（专业代码 510102）、应用电子技术（专业代码 510103）、智能产品开发与应用（专业代码 510108）、电子产品检测技术（专业代码 510105）、计算机应用技术（专业代码 510201）、软件技术（专业代码 510203）、嵌入式技术与应用（专业代码 510210）、工业互联网技术（专业代码 510211）、机电一体化技术（专业代码 460301）、智能控制技术（专业代码 460303）、智能机器人技术（专业代码 460304）、工业机器人技术（专业代码 460305）、电气自动化技术（专业代码 460306）、工业过程自动化技术（专业代码 460307）、工业自动化仪表技术（专业代码 460308）。

二、课程性质

"智能鼠原理与制作"是面向新工科建设的EPIP（工程实践创新项目）示范课程，严格对标《国家职业教育改革实施方案》与《关于深化现代职业教育体系建设改革的意见》，深度融合"人工智能+教育"战略内涵，紧密贴合当前人工智能、机器人技术及自动化控制领域的发展趋势，特别是针对智能导航、路径规划、环境感知等前沿技术的应用需求。

本课程以典型工程实践项目——智能鼠为载体，通过"工程项目引领、实践能力递进、创新素养贯通"的教学模式，在实训中系统开展智能鼠硬件结构认知、开发环境搭建、红外检测技术应用、运动姿态精准控制、路径规划与行为决策算法设计、数字孪生等核心环节，着重强化电工电子技术、嵌入式系统开发及程序设计基础知识的工程化迁移能力，重点考查学生工程实践创新所需的方案设计、系统调试与问题解决能力，培养学生在复杂工程场景中的系统思维、技术创新和团队协作能力，为战略性新兴产业发展输送复合型工程技术人才。

本课程构建“基础认知—综合实践—创新竞技”三阶递进式教学体系，有机衔接“电子技术基础”“嵌入式系统设计与编程”等前导课程，重点强化工程问题的多维度解构能力。学生通过真实项目案例导入和标准化工程流程实践，形成“需求分析→方案设计→开发验证→迭代优化”的工程思维，为后续专业课程学习及工程认证奠定扎实基础。

本课程开设在本科或高职二年级第一学期，其前序课程为单片机控制技术、电工电子技术、传感器与检测技术和面向对象程序设计，后续课程为自动控制技术和机器人技术。

三、课程目标

学生通过本课程学习，熟悉智能鼠的硬件结构及开发环境；掌握ESP32系列单片机的指令系统及编程方式，能够根据任务要求编写正确程序代码，并进行程序调试、下载；了解红外传感器、陀螺仪、编码器工作原理，并掌握其控制及编程方式；掌握多源信息融合的任务设计及程序编写；熟悉路径规划及行为决策法则；了解数字孪生的使用场景并熟悉控制操作。初步具有解决实际问题的能力，为学习专业知识打下基础；逐步培养学生的逻辑思维能力，增强学生的职业道德观念，能够独立开展对实际电路的设计思考、测试操作、分析诊断等工作。具体目标如下：

1. 素质目标

（1）团队协作与沟通能力：通过分组完成智能鼠设计与制作任务，培养学生之间的团队协作精神，锻炼学生有效沟通、协调与分工的能力。

（2）问题解决与信息处理能力：在项目需求分析、方案设计与实施过程中，培养学生搜集信息、分析问题、提出解决方案及评估效果的能力。

（3）创新思维与实践能力：鼓励学生进行创意设计与实验，通过智能鼠的制作与调试过程，提升学生的实践动手能力、观察力与创新思维能力。

（4）职业素养与规范：引入实验室管理规范，培养学生形成严谨的操作习惯，遵守职业道德规范，养成良好的职业行为习惯。

2. 知识目标

（1）智能鼠原理与结构：了解智能鼠的基本工作原理、机械结构与电子元件组成。

（2）传感器与感知技术：掌握智能鼠所用传感器的工作原理、选型与应用，理解环境感知与数据处理技术。

（3）控制算法与编程：熟悉智能鼠路径规划、避障算法及嵌入式编程技术，了解常用的控制理论与算法。

（4）系统设计与集成：了解智能鼠系统设计的整体流程，包括需求分析、方案设计、硬件选型与集成、软件编程与调试等。

（5）测试与评估：掌握智能鼠性能测试、功能验证及系统优化的方法与标准。

3. 能力目标

（1）系统设计与规划能力：能够根据实际需求，制定智能鼠系统的设计方案，包括硬件与软件架构的设计。

（2）信息获取与处理能力：能够有效搜集、整理并分析智能鼠设计与制作相关的技术资料与文献，为项目提供理论支持。

（3）硬件控制与调试能力：熟悉智能鼠硬件使用，能够独立完成硬件系统调试。

（4）软件编程与创新能力：能够运用嵌入式编程语言，实现智能鼠的控制逻辑与算法，具备软件系统的开发与优化能力。

（5）项目展示与文档撰写能力：能够清晰、准确地展示智能鼠系统的功能与性能，编写项目报告、软件使用说明书等技术文档。

培养目标见表F-1。

表F-1　培养目标

EPIP阶段	典型任务	目标达成
工程（engineering）	系统需求分析与方案设计	培养工程规划与设计能力
实践（practice）	软硬件调试与任务分割	提升动手能力与问题解决能力
创新（innovation）	路径规划算法优化与功能扩展	激发创新思维与技术探索能力
项目（project）	智能鼠系统测试与性能展示	强化工程交付与文档撰写能力

四、课程结构

课程结构如图F-1所示。

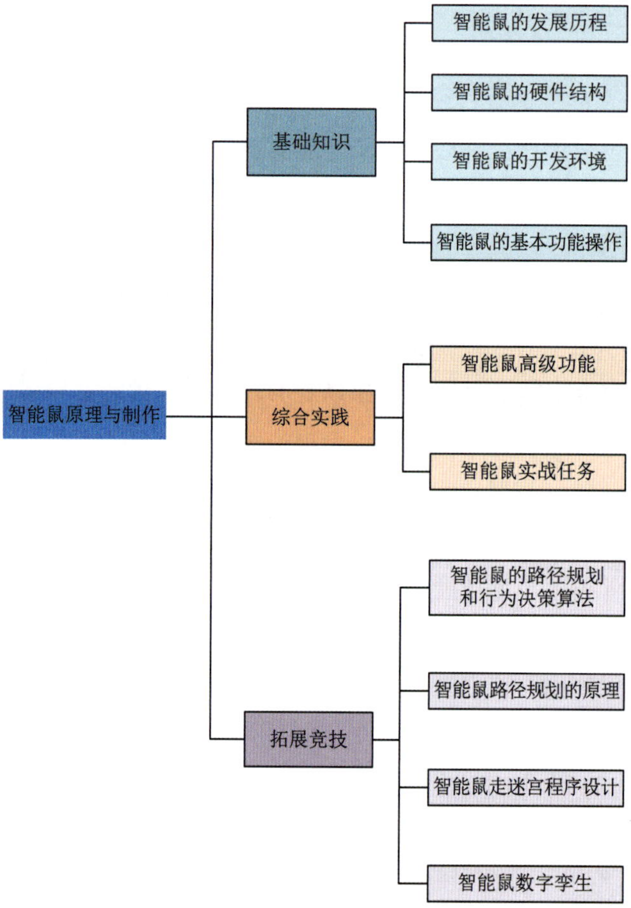

图F-1　课程结构

五、内容大纲

内容大纲见表F-2。

表F-2　内容大纲

序号	课程内容	
1	基础知识篇（14学时）	实践教学： 项目一　智能鼠的发展历程（2学时）。 项目二　智能鼠的硬件结构（4学时）。 项目三　智能鼠的开发环境（6学时）。 项目四　智能鼠的基本功能操作（8学时）

续表

序号	课程内容	
2	综合实践篇（14学时）	实践教学： 项目一　智能鼠高级功能（7学时）。 项目二　智能鼠实战任务（7学时）
3	拓展竞技篇（20学时）	实践教学： 项目一　智能鼠的路径规划和行为决策算法（3学时）。 项目二　智能鼠路径规划的原理（4学时）。 项目三　智能鼠走迷宫程序设计（4学时）。 项目四　智能鼠数字孪生（3学时）

六、技能考核要求

本课程采用多元化考核方式，结合过程性评价与总结性评价，注重实践能力与创新思维的考核。总评成绩由平时成绩（20%）、实践过程考核（50%）、期末综合考核（30%）组成。

总评成绩=平时成绩×20%+实践过程考核×50%+期末综合考核×30%。

1. 平时成绩评分标准

平时成绩占20%，其考核标准见表F-3。

表F-3　平时成绩评分标准

序号	考评项目	考核内容和标准	考核方法	分值
1	组织纪律	按时出勤，缺勤1次扣1分；迟到/早退3次视为缺勤1次	教师评定	20
2	学习态度	主动参与课堂讨论，完成预习、复习任务，提交课后作业	教师评定	30
3	团队协作	小组任务中积极分工合作，提出有效建议，尊重他人观点	教师评定	30
4	实验规范	遵守实验室安全规范，保持环境整洁，正确使用仪器设备	教师评定	20
合计				100

2. 实践过程考核内容和标准

实践过程考核成绩占50%，其考核内容和标准见表F-4。

表F-4　实践过程考核内容和标准

序号	考评项目	考核内容和标准	考核方法	分值
1	硬件调试	完成智能鼠硬件组装、传感器校准、电动机驱动电路测试	教师评定	20
2	程序开发	编写并调试红外检测、姿态调整、路径规划、行为决策等核心功能程序	教师评定	30
3	项目实战	实现迷宫搜索、最优路径冲刺等任务，记录运行时间与成功率	教师评定	40

续表

序号	考评项目	考核内容和标准	考核方法	分值
4	答辩展示	现场演示功能并阐述设计思路，回答教师提问	教师评定	10
合计				100

3. 期末综合考核的考核内容和标准

期末综合考核成绩占40%，其考核内容和标准见表F-5。

表F-5 期末综合考核内容和标准

序号	考评项目	考核内容和标准	考核方法	分值
1	理论测试	考核智能鼠硬件结构、传感器原理、路径规划算法等理论知识	教师评定	30
2	综合设计	根据指定迷宫地图，设计完整解决方案（含硬件配置、程序逻辑、算法优化说明）	教师评定	50
3	创新加分	提出改进算法或硬件优化方案（如提高转弯精度、缩短搜索时间等）	教师评定	20
合计				100

七、实施建议

1. 教学要求及建议

在实训中建议在进行课题分析时做适当的引导，提出设计的基本思路，帮助学生提高学习效率。在课程中引入项目化教学，以“基础知识→综合实践→竞技优化”为主线，通过任务驱动（如迷宫搜索、路径冲刺）强化工程思维。利用在线平台提供代码库、视频教程，线下重点指导硬件调试与算法优化，实现线上线下融合。引入国际智能鼠竞赛案例，模拟真实场景，提升实战能力。

2. 授课教师建议

（1）应具有“双师型”资质，既能够深入讲解课程理论，又能够熟练指导实践操作，为学生提供全面的教学支持。

（2）主讲教师应具有丰富的教学经验和较强的责任心。

（3）应具有较强的动手能力，熟练指导学生完成各个实践环节。

（4）主讲教师应具备嵌入式系统开发经验，熟悉ESP32系列控制器、直流电动机控制及路径规划算法。掌握Thonny开发环境、传感器校准方法，能指导学生解决硬件冲突与程序调试问题。鼓励教师参与智能鼠竞赛指导，积累实战经验并反哺教学。

八、教学条件

1. 硬件环境

智能鼠创新创客实训室（配备IEEE标准迷宫场地、TQD-Micromouse JS智能鼠套件、全自动计分系统）。

2. 软件环境

Thonny、迷宫机器人虚拟仿真评测系统、路径规划算法可视化工具。

九、学习评价

1. 评价维度与重点

本课程的学习评价注重构建教与学的双向反馈机制，通过持续性评价数据驱动教学改进与学习提升。

2. 教师教学成果与方法创新评价（见表F-6）

表F-6　教师教学成果与方法创新评价

评价内容	评价指标	评价方法
课程目标达成度	课程目标是否清晰明确，是否符合工程教育认证标准（如OBE理念）	课程目标与教学大纲对比分析； 学生反馈
教学方法创新	是否采用多元化教学方法（如EPIP、项目式学习、翻转课堂等）	课堂观察与教学记录； 学生满意度调查
教学资源建设	是否提供丰富的学习资源（如实验指导书、仿真工具、案例库等）	资源库审查与使用情况分析
教学成果与影响力	是否取得可量化的教学成果（如学生竞赛获奖、专利申请、论文发表等）	成果统计与分析； 同行评价
学生能力培养效果	学生工程实践能力、创新能力与职业素养是否显著提升	学生能力测评与反馈； 企业评价

3. 学生知识掌握与能力提升评价（见表F-7）

表F-7　学生知识掌握与能力提升评价

评价维度	评价内容	评价指标	评价方法
理论知识掌握	智能鼠原理、传感器技术、控制算法、系统设计等理论知识的学习效果	课堂测验与期末考试成绩	笔试与在线测试； 项目报告理论分析
实践技能应用	硬件组装、软件编程、系统调试、性能优化等实践技能的应用能力	实验操作完成质量； 项目演示效果	实验操作观察； 项目展示与功能测试

续表

评价维度	评价内容	评价指标	评价方法
团队协作能力	团队分工、沟通协调、任务推进、成果整合等方面的表现	团队合作评价（同伴互评）	同伴评价与教师观察； 任务分工记录
创新思维与问题解决	路径规划算法创新、传感器数据融合优化、故障排查与解决问题的能力	项目中的创新点与优化效果	创新性评分； 问题解决过程记录
职业素养与规范	实验室操作规范、技术文档撰写、工程伦理与安全意识的表现	实验室操作规范性； 文档质量	实验室行为记录； 文档审查
综合素质提升	工程实践能力、创新能力、科研精神与工匠品质的综合发展	综合素质测评与反馈	学生自评与教师评价； 企业实习反馈

4. 评价标准与等级（见表F-8）

表F-8 评价标准与等级

等级	理论知识掌握	实践技能应用	团队协作能力	创新思维与问题解决	职业素养与规范
优	全面掌握课程核心知识，能够深入分析与应用	熟练完成硬件组装与软件编程，系统性能优异	团队协作高效，任务完成出色	提出创新性解决方案，显著优化系统性能	严格遵守实验规范，文档撰写规范且专业
良	较好掌握课程知识，能够进行基础分析与应用	较好完成硬件与软件任务，系统性能良好	团队协作良好，任务完成较顺利	能够解决复杂问题，提出一定优化建议	遵守实验规范，文档撰写较为规范
中	基本掌握课程知识，分析能力一般	基本完成硬件与软件任务，系统性能达标	团队协作一般，任务完成基本符合要求	能够解决常见问题，创新性有限	基本遵守实验规范，文档撰写尚可
及格	部分掌握课程知识，分析能力较弱	硬件与软件任务完成存在不足，系统性能一般	团队协作存在不足，任务完成部分符合要求	问题解决能力较弱，创新性不足	实验操作规范性较差，文档撰写不完整
不及格	未掌握课程核心知识，无法进行分析与应用	硬件与软件任务未完成，系统性能差	团队协作差，任务完成严重不符合要求	问题解决能力差，无创新性表现	实验操作不规范，文档撰写不合格

5. 评价特色与创新点

教与学双向评价：既关注教师教学成果与方法创新，也重视学生知识掌握与能力提升。

多元化评价方式：结合过程性评价、终结性评价与综合素质评价，全面反映学习效果。

创新性与规范性并重：既鼓励学生创新思维，又强调工程规范与职业素养的培养。

持续改进机制：通过反馈与改进，不断优化课程设计与教学方法，提升教学效果。

十、推荐教材

（1）黄瑞，高艺. 基于ESP32智能微型运动装置设计与应用[M]. 北京：中国铁道出版社有限公司，2023.

（2）王超, 高艺, 宋立红. 智能鼠原理与制作：进阶篇[M]. 北京：中国铁道出版社有限公司，2019.

十一、说明

编写人：董　建　黄　瑞　宋立红　郝夏毅　严靖怡　宋　姗

审核人：王　超　高　艺

2025年3月

附录G

执行固件烧录操作

在操作TQD-Micromouse JS时，若编写的程序存在严重错误，致使系统陷入死循环或自动重启等状况，可尝试采用以下三种解决方式：

（1）通过Shell操作：在Shell界面中，多次按下【Ctrl+C】组合键，尝试中断异常程序进程。

（2）利用按钮操作：多次单击设备界面中的“重启后端进程”按钮，以此重启相关进程，恢复系统正常运行状态。

（3）硬件与软件协同操作：先关闭电池电源，随后重新连接USB。在选择解释器后，在系统启动初期，迅速提前按下【Ctrl+C】组合键，或者单击“重启后端进程”按钮，如图G-1所示。

图G-1 重启后端进程

要是上述三种方式均无法使设备正常进入Shell，那就只能通过重新烧录系统固件来解决问题了。需注意的是，重新烧录固件后，系统内的所有程序与文件都将被清除。烧录步骤请严格按照以下流程执行。

一、进入烧录模式

首先关闭电池电源，断开设备与USB的连接。随后，使用导线短接电路板右下角的两个小孔，完成短接操作后，重新连接USB。此时，电路板将进入烧录模式，如图G-2所示。

图G-2 烧录模式

二、配置解释器

启动Thonny软件后，单击界面中的“配置解释器”选项，如图G-3所示。

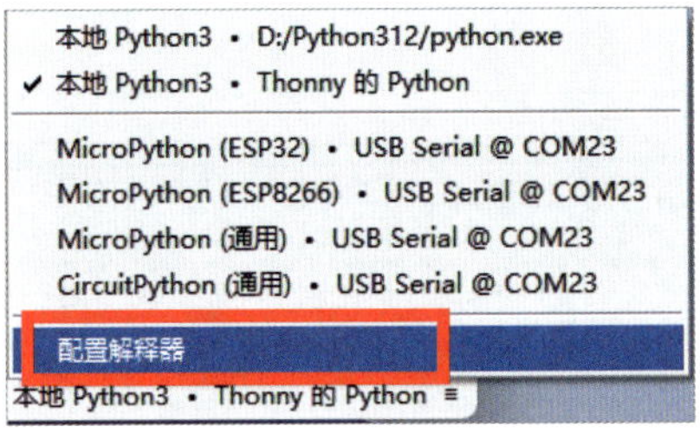

图G-3　配置解释器

在解释器类型中，选择MicroPython (ESP32)；针对端口设置，选择电路板所使用的对应端口，具体选择方式及参考界面如图G-4所示。

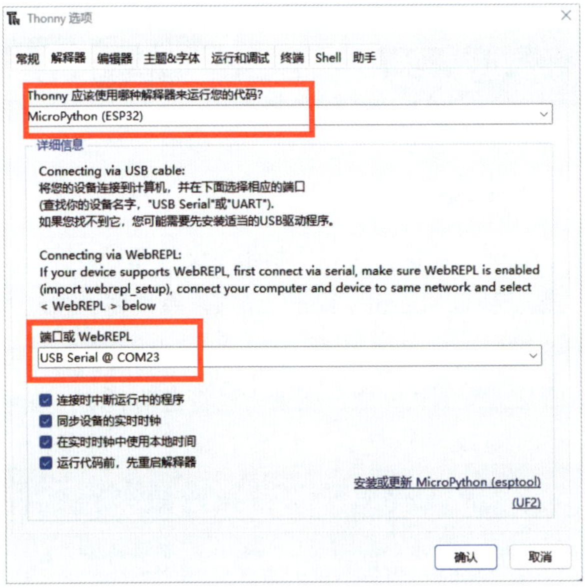

图G-4　解释器类型

三、烧录固件

在完成上述配置后，单击图G-4所示界面中的“安装或更新 MicroPython”选项，随即进入烧录页面。在此页面中，需再次选择电路板实际使用的端口。此时，有两种固件获取方式可供选择：使用本地固件镜像或自动下载固件镜像。

1. 使用本地固件镜像

若选用本地固件镜像进行烧录，单击页面中的“≡”按钮，在弹出的文件选择窗口中，从配套资料包内查找并选中相应的本地固件镜像文件，具体操作如图G-5所示。

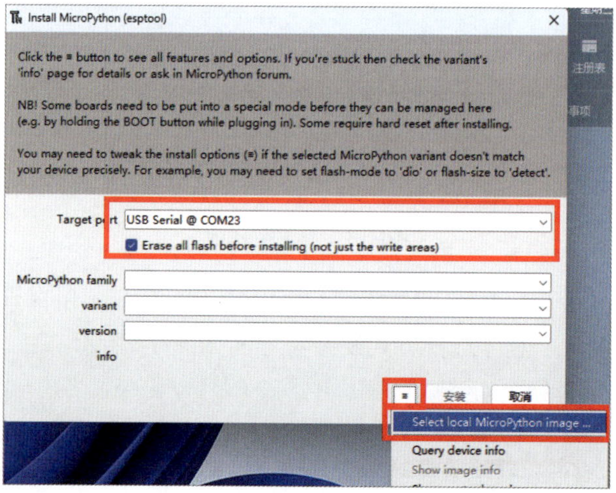

图G-5　本地固件镜像文件

2. 自动下载固件镜像

若选择自动下载固件镜像，无须手动指定文件路径。在设备正常联网的状态下，单击“安装或更新MicroPython”选项，系统便会自动从官方网站在线检索并下载适配的最新固件镜像版本。下载进程中，可通过如图G-6所示查看相关进度及状态信息。待下载完成，烧录流程将自动启动，直至全部完成。

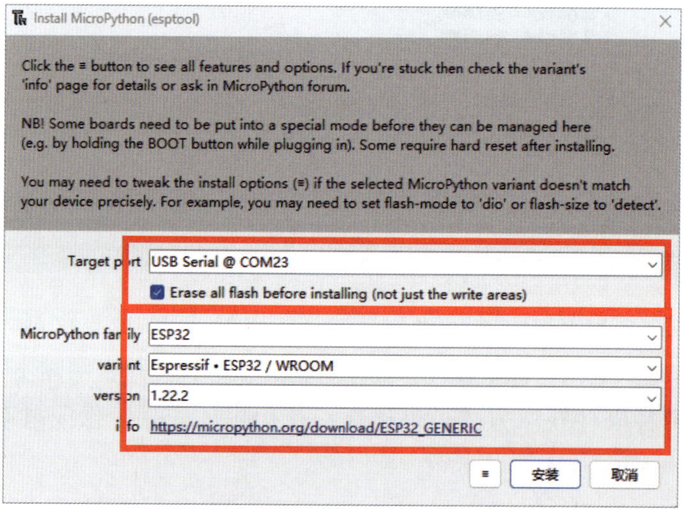

图G-6　自动下载固件镜像

待镜像下载完毕，单击图G-6中的“安装”按钮，烧录固件的进程随即启动。在此期间，请保持设备稳定连接，耐心等待烧录完成。烧录过程中的界面状态及进度如图G-7所示。

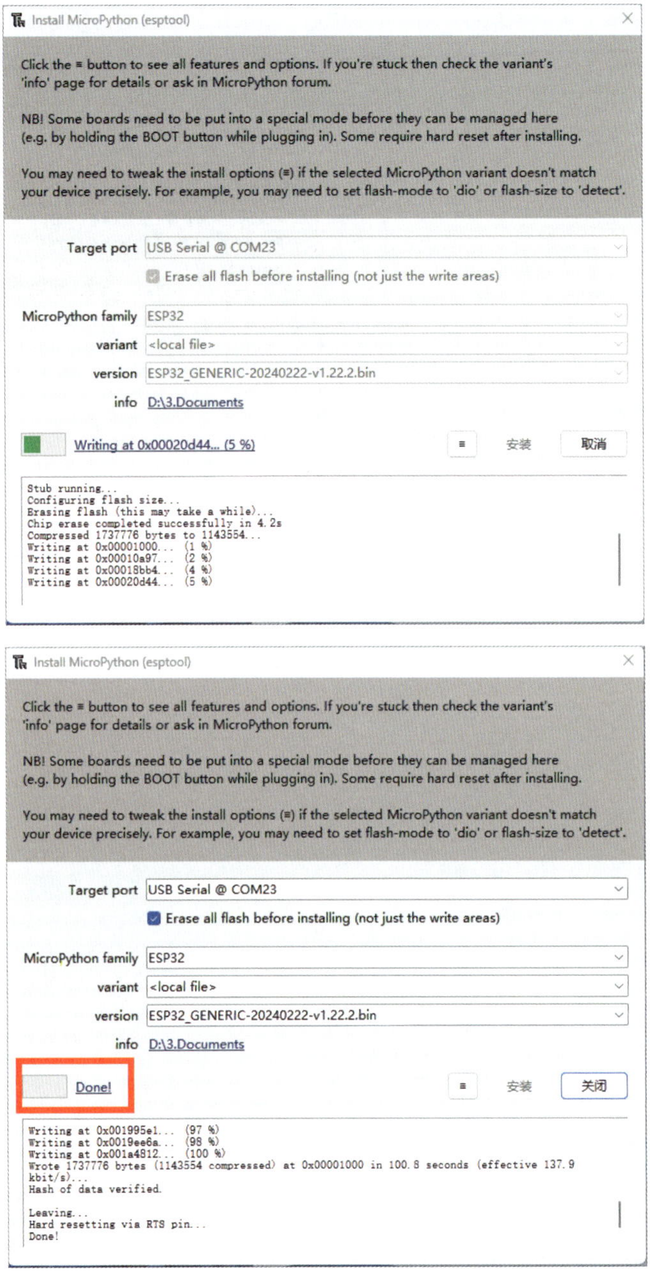

图G-7　烧录固件

四、进入Shell

待烧录流程完成，关闭当前对话框，断开设备与USB的连接。接着，移除电路板右下角用于短接的导线，再次连接USB线。此时，需在系统中选择正确的解释器。完成上述操作后，即可成功进入Shell，如图G-8所示。

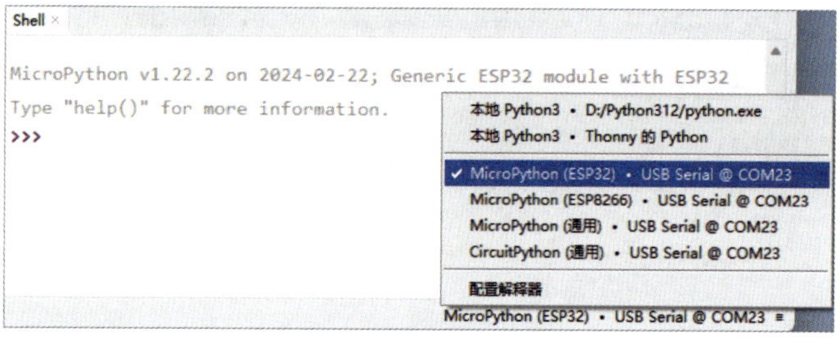

图G-8 进入Shell